古代名瓷釉料工艺概论

景德镇学院学术文库

JINGDEZHEN XUEYUAN XUESHU WENKU

陈 猛 郑伊娜 于 欢 著

江西高校出版社

图书在版编目(CIP)数据

古代名瓷釉料工艺概论/陈猛,郑伊娜,于欢著.--
南昌:江西高校出版社,2023.3(2024.9重印)
(景德镇学院学术文库)
ISBN 978-7-5762-3691-0

Ⅰ.①古… Ⅱ.①陈… ②郑… ③于… Ⅲ.
①陶瓷—颜色釉—配制 Ⅳ.①TQ174.4

中国国家版本馆 CIP 数据核字(2023)第 027347 号

出 版 发 行	江西高校出版社
社　　　址	江西省南昌市洪都北大道96号
总编室电话	(0791)88504319
销 售 电 话	(0791)88522516
网　　　址	www.juacp.com
印　　　刷	三河市京兰印务有限公司
经　　　销	全国新华书店
开　　　本	700mm×1000mm　1/16
印　　　张	11.5
字　　　数	160 千字
版　　　次	2023 年 3 月第 1 版
	2024 年 9 月第 2 次印刷
书　　　号	ISBN 978-7-5762-3691-0
定　　　价	58.00 元

赣版权登字 -07-2023-200

目 录 CONTENTS

第一章　陶瓷釉的基本概论

中国陶瓷从陶到瓷的发展过程中,釉的形成是一个至关重要的技术突破。釉是指附着在陶瓷坯体表面的玻璃质薄层,是采用天然矿物原料和化工原料按一定配比混合并细磨成浆状液体,涂敷在陶瓷坯体表面,经高温煅烧而成的。疏松多孔的陶瓷坯体表面通常很粗糙,在陶瓷坯体表面施釉,一方面可以掩盖坯体表面的粗糙质地和不均匀的颜色,增加陶瓷制品的美感和艺术性;另一方面,可以使陶瓷制品的力、电、热等性能得到较大的提高;此外还能起到保护陶瓷装饰画面,防止绘画颜料中的有毒元素溶出的作用。

第一节　陶瓷釉的形成和发展

釉的出现和发展直接关系到瓷器的起源和发展问题。现有资料表明,3000多年前的商代原始瓷釉是至今发现的最早的具有透明、光亮、不吸水特性的高温玻璃釉。国际陶瓷科学院院士李家治先生研究认为,早期瓷釉的成分除了Al_2O_3和SiO_2,其余主要为助熔剂$RO(CaO、MgO)$、$R_2O(K_2O、Na_2O)$和着色氧化物Fe_2O_3,而RO的含量存在着规律性的变化。根据瓷釉的化学组成、显微结构和外观,可以把中国瓷釉的形成和发展划分为四个阶段。

一、釉的孕育阶段

第一阶段为新石器时代到商代之前,这是釉的孕育阶段,包括陶器上的陶衣和泥釉的出现。此时开始盛行用陶衣对陶器表面进行装饰,即用水将较细的陶土调和成泥浆并将泥浆涂在陶胎上,留下一层薄薄的色浆。研究资料表明,陶衣使用的陶土原料与陶胎的原料并不相同,陶衣所使用的陶土更加细腻,多为红色或黑色,但较难熔融成瓷釉。李家治先生认为,陶衣和黑色泥釉只具有釉的形式,而没有釉的效果,但为我国早期釉的发明打下了基础。

图 1-1　龙山文化黑陶双系壶

黑陶双系壶,新石器时代龙山文化陶器,高 11.5 cm,口径 6.5 cm,足径 8.2 cm。壶口微外撇,口沿两边置双系。颈长,下部渐广,至肩凸起,腹扁,有圈足。足上镂有 8 个小孔。底外凸。造型规整,胎薄体轻,表面经过打磨,光泽可鉴。据科学测试,龙山文化的年代为公元前 2400 年到公元前 2000 年。(图片源自故宫博物院官网)

二、釉的形成阶段

第二阶段为商周时期——釉的形成阶段。商周时期出现的原始瓷普遍是由印纹硬陶发展而来的,它的一大特点是瓷胎表面覆盖了一层透明的釉。这一阶段的瓷釉主要是高铁釉和高钙釉,这两种类型的釉装饰效果区别很大:高铁釉的遮盖力更强;而高钙釉的透明度更高。

高铁釉以铁为着色剂,一般呈褐色,Al_2O_3 含量较少,Fe_2O_3 含量为 5% 以上。高铁釉的元素组成与商代早期陶器表面的铁质涂层较为接近,只是因为烧成温度更高,所以形成了色泽光亮、吸水率低的釉层,为后来黑釉的发展创造了条件。高钙釉是以 CaO 为主要助熔剂的瓷釉,它的 CaO 含量很高:有的高钙釉

CaO 含量超过 25%。这主要是由于在釉的配方中引入了草木灰或石灰石,较大限度地降低了釉的熔融温度,因此在当时烧成温度并不够高的情况下能烧成透明、光亮、不吸水的釉。研究表明,高钙釉的元素组成和汉代早期的青釉较为相近,为后期的青瓷釉奠定了基础。

图 1-2　原始瓷青釉弦纹罐

　　原始瓷青釉弦纹罐,商代瓷器,高 31.4 cm,口径 20 cm,底径 9.3 cm。罐口外折、颈短、溜肩,肩以下内收,底平。肩与腹部的过渡处有明显的折角。口内外饰弦纹,其中肩部饰凸起弦纹和锯齿纹共 10 道。表面施青釉,釉层薄而不匀。(图片源自故宫博物院官网)

　　在对我国南方各窑址出土的原始瓷进行胎、釉元素组成分析之后,有些学者提出,我国原始瓷釉除了高铁釉和高钙釉两种类型,还有一种以浙江萧山窑为代表所生产的碱钙釉。碱钙釉中的 CaO 含量不超过 2%,RO 和 R_2O 含量之和不超过 10%,釉料在烧成过程中不能充分熔融,所以相比较而言,釉面较粗糙,光泽度较差。

　　原始瓷釉的产生是中国陶瓷科技史上具有里程碑意义的一次飞跃。当然,原始瓷釉与现代瓷釉存在着明显差距。考古发掘的原始瓷样品和学者们的研究成果表明,原始瓷的釉层太薄,呈色不稳定,且釉面开裂、缩釉、剥落现象较为严重。

三、釉的成熟阶段

　　第三阶段为汉、晋、隋、唐、五代时期——釉的成熟阶段。我国原始瓷经过一千多年的缓慢发展,工艺日趋成熟,终于在东汉时期产生阶段性的飞跃,诞生了真正意义上的成熟瓷器——越窑青瓷。越窑青瓷不同于原始瓷的最本质特征就是瓷釉的质量以及瓷釉与胎的匹配性有了很大程度的提高。

越窑是中国古代最为著名的青瓷窑系,其窑址主要分布在今浙江的绍兴、上虞、慈溪、余姚、永嘉等地。其中上虞市(今上虞区)小仙坛青瓷窑址是目前世界上已发现的最早的青瓷窑址,被称为青瓷的发源地,也是我国早期青瓷的生产中心。

图 1-3　青釉堆塑谷仓罐

青釉堆塑谷仓罐,三国时期吴国瓷器,高 46.4 cm,口径 11.3 cm,底径 13.5 cm。此谷仓为 20 世纪 30 年代后期浙江绍兴三国墓出土。谷仓上半部堆塑多种饰物,下半部为完整的青瓷罐形。胎体呈灰白色,平底略内凹。通体施青釉,釉面不甚匀净。(图片源自故宫博物院官网)

隋、唐时期北方白釉瓷的成功烧制,使我国成为世界上最早拥有白釉瓷的国家,也打破了青釉瓷一统天下的局面,形成了中国陶瓷史上南青北白的新格局。以邢、巩、定窑为代表的白釉瓷,首先在原料上采用了含高岭石较多的二次沉积黏土或高岭土和长石,使我国成为世界上最早使用高岭土和长石作为制瓷原料的国家。

　　早期白釉瓷的特点是胎较细白,釉色乳白泛青,釉厚处青色更加明显,还有较多青瓷的影子,所谓的"白釉"并不成熟。到了隋代,随着原料和配方的改进、烧成温度的提高,真正成熟的白瓷烧制成功。河南安阳张盛墓(公元595年)、陕西西安李静训墓(公元608年)、陕西西安姬威墓(公元610年)等均出土了珍贵的白釉瓷器。北方白釉瓷的 Fe_2O_3 和 TiO_2 含量很低,釉层较薄,胎釉交界处往往会出现含有多量钙长石晶体的中间层,因而釉具有一定的乳浊感。大部分釉中 CaO 含量较高,和南方青釉瓷差不多,应属于钙釉。但也有少数釉中 CaO 含量相对较低,使用 K_2O 或 Na_2O 作为助熔剂,从而形成钙碱釉或钙镁碱釉。

图 1-4　白釉高足杯

　　白釉高足杯,隋代瓷器,高10.2 cm,口径5 cm,足径4.4 cm。口沿向内收敛,腹鼓,高足外撇。里外满施白釉,足边无釉,釉面开细碎片纹。造型新颖,釉质洁白、细润。与北朝初期的白瓷比较,已可看出这是真正的白瓷。(图片源自故宫博物院官网)

　　值得一提的是,汉、唐时期我国也出现了以 PbO 为主要助熔剂的低温铅釉,最具特色的是唐代的唐三彩、铅绿釉。在技术水平和使用的广泛性方面,低温铅釉虽然无法与高温釉相比拟,但也是我国陶瓷釉发展史上的一个重要分支。

图 1-5　三彩凤首壶

三彩凤首壶,唐代瓷器,高 33 cm,口径 5.7 cm,底径 10.4 cm。壶口呈凤头状,颈细,腹呈扁圆形,高足外撇,底平。通体施绿、褐、白等釉,底足无釉。一侧置曲柄。腹部形成两面开光体,采用塑贴装饰技法:一面为人物骑马射箭图;另一面为飞翔的凤鸟图。(图片源自故宫博物院官网)

四、釉的发展阶段

第四阶段为宋代到清代——釉的发展阶段。这一时期我国陶瓷在科技和艺术上均取得辉煌的成就,达到历史高峰。宋代的官窑、哥窑、汝窑、定窑、钧窑、龙泉窑、建窑和景德镇窑都以丰富多彩的颜色釉著称。值得一提的是,这个阶段之前的名瓷釉大多是透明釉或者是相对来说透明度比较好的玻璃釉;而这一阶段的瓷釉大多是在烧制过程中发生复杂的物理和化学反应而形成的分相釉、析晶釉或分相—析晶釉。

图 1-6　定窑白釉剔花莲花纹腰圆枕

　　定窑白釉剔花莲花纹腰圆枕,金代瓷器,高 15 cm,长 27 cm,宽 19 cm。枕呈腰圆形,枕面前高后低。通体剔划花装饰。枕面为两朵莲花,花朵之间及枕侧均剔划卷枝纹。从制作工艺上看,系先在胎上施化妆土,然后勾勒出花纹轮廓,再在花纹内刻划叶脉,最后剔去花纹以外的地子,形成白地浅褐色花纹。素底无釉,开有两个小孔,以使枕箱内的空气在高温烧制下可以排出,避免造成胎体爆炸。(图片源自故宫博物院官网)

　　从南宋开始,除了小部分釉,大多数釉的 RO 含量降到 15% 以下,R_2O 的含量从 3% 提高到 5%:总的来说,助熔剂的总量基本上变化不大。从元素组成上看,这一时期的釉已经从灰釉发展到了灰碱釉(或叫钙碱釉)。其元素组成的特点是:R_2O 含量高,CaO、Fe_2O_3、TiO_2 含量低。灰碱釉的发展也是瓷釉发展史上的又一次进步。

图 1-7　官窑青釉方花盆

官窑青釉方花盆,宋代瓷器,高9.2 cm,口边长15.3 cm,足边长13.0 cm。花盆呈长方体,敞口,器口镶铜,壁直,平底中央开有一渗水圆孔。器底承以四矮足,底足露胎处呈黑褐色,俗称"铁足"。通体施粉青色釉,釉面开片,开片较大,裂纹遍布器身。(图片源自故宫博物院官网)

这一阶段最具代表性的当属宋代以后的景德镇窑,其逐渐形成集各家之大成的局面,不仅创制了很多新品种釉,还大量仿烧历史上各大名窑的瓷釉品种,逐渐成为我国的瓷业中心。景德镇窑最具代表性的颜色釉有宋代以铁为着色剂的影青釉,元代、明代和清代以氧化铜为着色剂的红釉,还有以钴、铁等为着色剂的各种高温颜色釉(雾蓝釉、天蓝釉、鳝鱼黄、紫金釉、乌金釉等)和低温颜色釉(娇黄釉、矾红釉、孔雀绿、茄皮紫、胭脂红等)。

图1-8　景德镇窑青白釉刻花注壶、温碗

景德镇窑青白釉刻花注壶、温碗,宋代瓷器,通高24.3 cm。注壶:高21.5 cm,口径3.5 cm,足径9 cm。温碗:高12.3 cm,口径17 cm,足径9.8 cm。注壶直口,折肩,肩部刻划缠枝牡丹纹,对称置弯流、曲柄,圈足。附筒形盖,盖顶置蹲坐狮形纽,仰首翘尾,形象生动。温碗呈六瓣葵花形,深弧壁,圈足。注壶与碗通体施青白釉。(图片源自故宫博物院官网)

从3000多年前的夏、商时期到清代,我国古陶瓷釉从孕育到形成、从成熟到质量不断提高,直至到达古代制瓷的巅峰,经历了一个漫长的历史过程,有着十分丰富的科学技术内涵和艺术表现手法,是我国劳动人民几千年劳动智慧的结晶,为人类文明的进步做出了重大贡献。

第二节　陶瓷釉的分类及制釉氧化物

一、陶瓷釉的种类

陶瓷品种繁多,烧成工艺各不相同,所以釉的种类及其组成也极为复杂,分类方法也有很多。生产中常用的分类方法有以下几种。

1.按坯体的类型分类,有瓷器釉、陶器釉和炻器釉三类。其中,瓷器釉又分为硬瓷釉和软瓷釉。

2.按烧成温度分类,有低温釉(烧成温度 < 1150 ℃)、中温釉(烧成温度介于 1150 ℃ 和 1250 ℃ 之间)和高温釉(烧成温度 > 1250 ℃)。

3.按烧成后的釉面特征分类,有透明釉、乳浊釉、结晶釉、无光釉、光泽釉、碎纹釉、单色釉、花釉等。

4.按导电性能分类,有普通釉和半导体釉。

5.按釉中主要熔剂的组分分类,有石灰釉、长石釉、镁质釉、石灰镁釉、铅釉、硼釉、熔盐釉、土釉等。这种分类主要依据釉中主要熔剂或碱性成分之间的相互比例关系进行分类,通常以占釉式中的碱性成分总量的 50% 为具体衡量尺度。例如,釉式中 CaO 的含量大于 0.5 mol 的,即为石灰釉。标准的石灰釉釉式为:

$$\left.\begin{array}{l} 0.3\ K_2O \\ 0.7\ CaO \end{array}\right\} 0.5\ Al_2O_3 \cdot 4.0\ SiO_2$$

釉式中 $K_2O + Na_2O$ 的含量不低于 0.5 mol 的,即为长石釉。其釉式如下:

$$\left.\begin{array}{l} 0.5\ K_2O + Na_2O \\ 0.7\ CaO \end{array}\right\} 0.2 \sim 2.2\ Al_2O_3 \cdot 4 \sim 26\ SiO_2$$

釉式中 MgO 的含量不低于 0.5 mol 的,为镁质釉。若釉式中某两种碱性成分的含量明显高于其余碱性成分,其釉即以这两种成分命名。如 CaO 和 MgO 含量较高(一般不低于 0.7 mol)的,即为石灰镁釉。此外还有锌釉、铅釉、石灰碱釉、石灰锌釉、铅硼釉等。

中国日用瓷生产中应用较为普遍的是石灰釉和长石釉。其中,石灰釉以 CaO 为主要熔剂。其优点是:弹性好,富有刚硬感,透明度高,与高铝质坯体结合良好,对釉下彩的显色非常有利,除透明釉外还可制成无光釉和乳浊釉。其缺点是:熔融温度范围较窄,还原气氛烧成时易引起烟熏。长石釉以长石为主要熔剂,由石英、长石、石灰和黏土配制而成。其特点是:硬度较大,光泽较强,透明,略带乳白色,富有柔和感,烧成温度范围宽,与高硅质坯体结合良好。此外,石灰碱釉的釉面光泽柔和、不刺眼,适合做艺术陶瓷釉。锌釉是制造结晶釉的一个重要体系,组成比例适当时也可获得光泽强的透明釉。铅釉和铅硼釉的最大优点是光泽强,弹性好,适用于多种坯体,如长石坯、硅质坯、硬陶坯以及带釉瓷件,并能使色釉呈色鲜艳。考虑到铅毒的危害,应尽量少用或不用铅釉和铅硼釉。

6.按釉料的制备方法分类,可将釉分为生料釉、熔块釉、盐釉三类。

(1)生料釉:全部制釉原料都不经过预先熔制,而是直接制备成釉浆。

(2)熔块釉:先将部分原料熔制成玻璃状物质,并用水淬成小块(熔块),然后再将小块和其余原料混合,研磨成釉浆。通过熔制熔块将碳酸钠、碳酸钾、硼酸、硼砂等可溶性的熔剂物料以及铅、钡、铍等有毒物料转变成低溶性和低毒性或无毒性的硅酸盐,从而增加釉用原料的种类,并使原料中的部分挥发物和分解气体预先被排除,减少产品烧成气泡率。如将乳浊剂、色剂等用量少的辅助原料加入熔块熔制,不仅可以克服其在釉层中发生分层的缺点,而且可以使该类物质在釉层中更分散,起到重结晶的作用。例如,氧化铅的密度极大,而铅玻璃的密度却极小,其被制成熔块后就能很好地悬浮在釉浆中。

(3)盐釉:此釉比较特殊,生坯无须事先施釉,而是在产品煅烧至临近烧成温度时,向窑内投入食盐、锌盐等挥发物,使之汽化挥发并与坯体表面作用,形成薄薄的一层玻璃质釉层。如果坯料中含有一定量的氧化铁和氧化钙,由于烧成气氛不同可获得灰色、黄色、棕红色釉层。这种釉在化工陶瓷中应用较广。

7.按显微结构和釉的性状分类,有透明釉、晶质釉、熔析釉三类。

(1)透明釉:无定形的玻璃体。

(2)晶质釉:包括乳浊釉、析晶釉、砂晶釉、无光釉。

(3)熔析釉:指液相分离釉,包括乳浊釉、铁红釉、兔毫釉等。

二、制釉氧化物

制釉原料品种有很多。为了便于使用,常将它们分为天然矿物原料、化工原料、土制原料三大类。天然矿物原料主要有石英、长石、高岭土、石灰石、方解石、白云石、菱镁矿、滑石等。化工原料包括氧化锌、硼砂、硼酸、碳酸钡、硝酸钾、硝酸钠、红丹、氧化铅等含铅的化合物。土制原料主要有釉灰、稻草灰、稻谷灰、玻璃粉等。

制釉所用的原料都能为釉的组成提供一种或多种氧化物组分,这些组分决定了釉的性质。现将主要制釉氧化物的特点和作用介绍如下:

1. SiO_2。它是玻璃形成物,是釉的主要成分,一般含量在50%以上,主要从石英、黏土和长石引入。釉中引入 SiO_2 的作用是:提高釉的熔融温度,增加釉的硬度和机械强度;提高釉的黏度,降低釉在高温熔融状态下的流动性;增加釉对水溶性和化学侵蚀的抵抗能力,提高釉的化学稳定性;降低釉的热膨胀系数。

从釉的熔融性能来说,氧化物与碱性氧化物的摩尔比决定了釉的熔融性质。摩尔比为 2.5 ~ 4.5 的为易熔釉,摩尔比为 4.5 ~ 6.5 的为难熔釉。SiO_2 含量过高,则釉面乳浊或无光。

2. Al_2O_3。它是釉的重要组成部分之一,是形成釉的网络中间体,既能与 SiO_2 结合,又能与碱性氧化物结合。Al_2O_3 主要从高岭土(或其他黏土)、长石、冰晶石等引入。它在釉中的作用是:改善釉的性能,提高化学稳定性和釉面硬度;降低釉的热膨胀系数,以防止釉面龟裂;提高釉的熔融温度;提高釉的抗风化和抗化学侵蚀的能力。

釉中碱性成分的种类和数量不同,Al_2O_3 的加入量也不一样:低温釉中含量很少;高温釉中含量较多。此外,通过调整 Al_2O_3/SiO_2 的摩尔比可以控制釉的光泽度。光泽釉中,Al_2O_3/SiO_2 的摩尔比在 1∶6 和 1∶10 之间;无光釉中 Al_2O_3 的用量要大很多,Al_2O_3/SiO_2 的摩尔比为 1∶3 和 1∶4。

3. CaO。它是釉的基本组成之一,是釉中的主要熔剂,一般从石灰石、方解石、大理石、白云石引入。它在釉中的作用是:降低高硅釉的黏度,提高釉的流动性和釉面光泽度;若用量适当,可增加坯釉的结合性,提高釉的化学稳定性;与碱金属氧化物相比,CaO 能增加釉的抗折强度和硬度,降低釉的热膨胀系数;用在某些色釉中(如铬锡红釉),可增强釉的着色能力。

CaO 在釉中的用量一般不超过18%,用量过多会增加釉的耐火度,使釉析出微晶,导致釉层失透,形成无光釉。

4. MgO。它是釉的基本成分之一,在镁质釉中含量较高,在一般釉中含量较少,主要从菱镁矿、滑石、白云石引入。它在釉中的作用是:在高温下降低釉的黏度,在低温下提高釉的黏度;在高温釉中作活性助熔剂,可提高釉熔体的流动性;能降低釉的膨胀系数,促进坯釉中间层的形成,从而降低釉面龟裂的可能性;提高釉面硬度,用作建筑瓷釉可提高釉面耐磨性,用作卫生瓷可耐酸碱;能增加釉的表面张力,利用此性质可以制作裂纹釉。

MgO 在用作低温无光釉组分时,加入滑石,有提高乳浊性的作用;与锆英石同时引入,乳浊效果更为明显,可提高白度。但 MgO 的乳浊效果和白度不如 ZnO、SnO_2。若引入白云石,则无乳浊作用。引入菱镁矿时,MgO 用量不超过3%,否则会使釉析晶,形成无光釉,釉面质量难以控制。

5. ZnO。它是一种化工原料,在许多建筑陶器釉、瓷器釉、生铅釉等釉中都会用到,可直接以工业氧化锌或碳酸锌引入。它在釉中的作用是:助熔,降低釉的熔融温度;在高温下降低釉的黏度,低温下提高釉的黏度;提高釉的表面张力及耐热性能;提高釉面的白度;与 SiO_2 共同使用时可获得良好的乳浊效果。

釉中 ZnO 的用量不宜过多,用量过多会提高耐火度、黏度,使釉不易熔融,从而产生乳浊效果或析晶现象。工业氧化锌在使用前,要经过 1250 ℃ ~ 1280 ℃的高温煅烧,原因是:减少釉在烧成过程中的收缩,防止出现缩釉、秃釉和气泡、针孔等缺陷;增加密度,避免密度小而使釉浆呈豆腐脑状,从而改善生釉的性能。

6. PbO。它是强助熔剂,与 SiO_2 极易发生反应,生成低熔点的硅酸铅。硅酸铅折射率高,因而可形成光泽度高的釉面。PbO 从铅丹、铅白、密陀僧引入,在高温釉中一般用量很少,或者不用。它在釉中的作用是:降低釉的热膨胀系数;提高热稳定性,降低熔体黏度,使釉具有良好的流动性;增大釉的熔融温度范围;提高釉面的弹性和光泽度,增加抗张强度。

PbO 具有毒性,且易挥发。若操作不当,生铅釉容易被还原,使釉面呈灰黑色,因此一般做成熔块使用。

7. LiO_2、Na_2O、K_2O。它们都是强助熔剂,能降低釉的熔融温度、黏度,提高大熔体的折射率,从而提高釉面的光泽度,降低釉的化学稳定性和机械强度。

(1)LiO_2 主要来源于锂云母、锂辉石、碳酸锂、锆酸锂等,在无铅釉中少量使用,可显著降低釉的熔融温度,提高釉的流动性,降低釉的热膨胀系数,提高釉的机械强度,同时可减少棕眼、釉面不平整等表面缺陷。

（2）Na_2O 作为助熔剂，效果不如 LiO_2，但比 K_2O 强。它主要用在低温釉中，能增加釉的半透明性，但光泽性差。在碱金属氧化物中，它的热膨胀系数最大，会降低制品的弹性和抗张强度，使釉开裂。

（3）K_2O 与 Na_2O 相比，膨胀系数要小一些，能降低釉的热膨胀系数，提高釉的弹性，对热稳定性和化学稳定性有利，但用量不能太高，否则会使釉开裂。

8. B_2O_3。它是釉的重要组分，用作强助熔剂，常从硼砂、硼酸、硼钙石、硼镁石引入。它在釉中的作用是：

（1）与硅酸盐形成低熔点的混合物，降低釉的熔融温度。

（2）增大釉的折射率，提高釉面的光泽度。

（3）用量适当，可降低热膨胀系数；用过过多，可增大热膨胀系数，减弱釉的耐酸和抗水侵蚀能力。

（4）引入量小于 15% 时，能提高釉的黏度；引入量大于 15% 时，能降低釉的黏度。

（5）硼熔融物不但本身不结晶，而且能阻止其他化合物结晶，因此引入 B_2O_3 可避免产生釉失透现象。

第三节　陶瓷釉的显微结构

煅烧后釉层的显微结构是由大量的玻璃相、少量残留的或析出的晶相以及极少量的气泡构成的。陶瓷釉的显微结构取决于釉料的组成、制釉和施釉方法以及烧成制度等因素，它直接影响着釉面的质量和产品的宏观性能。

一、透明釉的显微结构

只由一种玻璃相构成的均质釉是透明的，良好的透明釉是由硅酸盐（有些含有 PbO 或 P_2O_5）玻璃组成的。一般认为釉就是玻璃体，具有与玻璃相似的物理、化学性质。如：各向同性；由固态到液态或由液态到固态的变化是一个渐变的过程；无固定的熔点；光泽度较好；硬度大；质地致密，不透水、不透气；能抵抗酸（氢氟酸除外）和碱（热碱除外）的侵蚀。但因配比、制作加工、烧成等因素的影响，透明釉中有时还存在少量的晶体与气泡。因此，釉又与玻璃不同，如：

1. 釉的均匀程度与玻璃不同，其结构中除了玻璃相，还有少量的晶相和气泡。

2. 釉不是单纯的硅酸盐,还含有硼酸盐、磷酸盐或其他盐类。

3. 大多数釉中含有较多的 Al_2O_3。Al_2O_3 是釉的重要组分,既能改善釉的性能,又能提高釉的熔融温度。而玻璃中 Al_2O_3 的含量相对较少。

4. 釉的熔融温度范围比玻璃要宽一些。有的釉熔融温度很低(比硼砂还低),而有的釉(如硬质瓷釉等)熔融温度很高。

因此,釉不是均相物质,而是以玻璃相为主,包含少量的气体,同时还有未发生反应的石英和新生成的莫来石、钙长石、方石英等晶相的多项系统。但晶相和气泡的颗粒很小,所以不会影响釉的透明度。

由于坯体和釉是连在一起的,因此釉的性质会受到坯体的影响。一方面是因为在烧成之前,釉料附在陶瓷坯体的表面,因而需要在釉料中加入适量的塑性黏土,以增加釉浆的黏附能力,并保持釉浆的稳定悬浮性能。这些黏土以及釉中的其他组分,在坯体烧成温度不够高时,不能充分熔融而以晶体的形式残留下来。另一方面,在高温下,釉中的一些组分挥发,坯、釉之间发生反应生成新的物质,致使烧成后的釉不能成为像玻璃一样的均一组织,釉层的微观组织结构和化学组成的均匀性都比玻璃差。其中经常夹杂一些未熔化的残留石英颗粒、黏土团粒、云母等,新生的莫来石、钙长石、尖晶石、辉石等晶体,以及数量不一的气泡。例如:黏土加入量较高的透明釉在较低温度下烧成时,会在釉层中残留黏土团粒;氧化钙含量较高的釉会在釉层中析出钙长石晶体;绢云母质瓷的釉层中有时可见云母颗粒。因此,釉层中的晶体一般分为两种:一种为未熔的残留石英颗粒及其变体;另一种为冷却时从熔体中析出的晶体,且析出晶体的种类随釉料组成而异。釉的化学组成沿釉层横断面的分布也有不同程度的差异,一般紧靠坯体一侧和最外层釉中的硅、铝含量比中间釉层高。为保证釉与坯体紧密结合,尤其是在难熔的生料釉中,Al_2O_3 的含量远高于一般玻璃,高达 10% ~ 18%。

研究者用电镜和 X 射线衍射分析方法研究了长石质透明釉(主要组成为:SiO_2 67.61%、Al_2O_3 13.24%、CaO 1.82%、MgO 4.89%、$K_2O + Na_2O$ 7.58%)的显微结构,结果显示:在1210 ℃时,釉层中的主晶相为石英;1270 ℃时,主晶相为石英与磷石英;1350 ℃时,主晶相为磷石英与莫来石。有研究者经过测定认为,含石灰石和烧滑石的长石釉在煅烧至1270 ℃以上时无晶体存在,而冷却后析出的主晶相为辉石类,并有微量方石英和莫来石晶体。

除晶体外,釉层中还存在一些气泡,釉层中的气泡约占釉体积的 1% ~ 6% ,有时甚至高达 12% ~ 15% 。釉中气泡的直径一般为 10 μm ~ 30 μm,最大为 50 μm ~ 60 μm,大于 60 μm 和小于 10 μm 的气泡占气泡总量的 7% ~ 9% 。日用瓷釉中气泡呈孤立状的浑圆形散布在玻璃相中,它们是由釉本身和瓷坯深层析出的气体形成的。一些陶瓷工作者对国内外的日用陶瓷透明釉进行系统的研究后认为:釉中气泡的含量随釉层厚度的增加而提高;釉中气泡的个数随烧成温度的升高而减少;釉中气泡的直径随釉层厚度的增加而增大,随烧成温度的升高而增大;气泡在釉层中分布不均匀,坯釉中间层的气泡量偏多,靠近釉表面层的气泡量少,且随着烧成温度的提高,靠近釉表面的气泡数量及直径均有所增加。这是因为气泡从釉层中逸出速度的快慢与釉层厚度以及釉熔体的高温黏度有密切关系:釉层越薄,釉熔体的高温黏度越小,气泡逸出的速度就越快。

釉层的微观结构会影响釉面的一些物理性能,如光泽度、硬度、强度和透光度等。釉中各相的折射率越大、越接近,则釉面光泽度越好。例如:当釉层中含有较多高折射率的氧化物时,如 ZnO(折射率为 1.96)、BaO(折射率为 2.01)、PbO(折射率为 2.46),釉面光泽度好;釉中玻璃相越均匀,晶体和气泡少而且小,则光泽度和显微硬度越高;釉料中的石英颗粒细小(但不能过细),则釉面平整,光泽度好。因此,为了减少釉中的气泡,应尽可能选用高温下分解释放气体少的原料,适当减小石英颗粒的粒度,采用较低温度烧成并适当延长保温时间,或者采用高温素烧、低温釉烧工艺,或者采用熔块釉。

二、乳浊釉的显微结构

有些建筑卫生陶瓷所用原料质地相对差一些,所以必须使用遮盖能力强的乳浊釉以提高制品的质量。乳浊釉按烧成温度的高低可分为两种:一种是高温生料乳浊釉;另一种是低温熔块乳浊釉。

乳浊釉的显微结构是在普通透明釉(玻璃)中悬浮着析出的或残留的细晶以及分相的熔滴。这些细晶或熔滴的折射率与基质玻璃不同(一般比基质玻璃的折射率高),并且均匀而密集地分散在整个釉层中。入射光线射在釉面上时,会在多相的界面上产生复杂的散射、折射、漫反射等光学现象,使光线透不过釉层而产生乳浊效果。

乳浊釉中的第二相可以是气相,也可以是液相或固相。第二相颗粒的大小、数量、分布、折射率等直接影响乳浊釉的乳浊程度。

1. 气相乳浊釉。一般釉玻璃相的折射率为 1.5 左右,气体的折射率为 1.3 左右:两者之间存在差距,可以产生乳浊效果。直径小于 0.1 mm 的釉泡会使釉层混浊;气泡尺寸大到肉眼能分辨时,会使釉面光泽暗淡而失去美感。要使釉层中产生多而细小且分布均匀的气泡在工艺上较为困难,而且气泡多会影响釉面的硬度,所以一般不采用气体来实现釉面乳浊。

2. 液相乳浊釉。液相乳浊釉的显微结构是在釉玻璃中出现了与基质玻璃不混熔的液相,也就是说在釉中存在液相分离。这种液相或熔体一般在高温下是混熔的,冷却时分离,呈孤立的小液滴均匀分布于釉玻璃(磷酸盐玻璃和硅酸盐玻璃)中。由于两种玻璃相的折射率不同,光线照射时将发生光散射而产生乳浊效果。如 $K_2O-CaO-Al_2O_3-SiO_2$ 系统瓷釉在适当的组成和烧成制度下,会产生许多尺寸介于 200 nm 和 60 nm 之间的孤立小液滴,并均匀分布在釉中而不析晶,导致瓷釉出现乳浊,而且带有乳光。研究者指出,选择合适的原料,进行合理的配比,加上适当的工艺,可以生产出完全由液相分离形成的、用于建筑陶瓷的乳浊釉。一般在高硅釉中加入适量的磷酸盐,烧成后因磷酸盐玻璃不同于硅酸盐玻璃而出现液相分离,可促进乳浊。

3. 固相乳浊釉。固相乳浊釉的显微结构是在釉基质玻璃相中存在着性状、大小不同的晶体。晶体既可以是残留的,也可以是析出的,或者是两种状态并存。晶粒尺寸为 1 μm ~ 3 μm 或者更细小,且晶体的折射率与玻璃相的折射率相差较大,使得入射光线在釉层中发生的散射、折射、漫反射等光学现象反复出现,最终釉层失透。这些微晶通常可以通过加入乳浊剂等来得到。根据对釉层透光度的研究可知,其乳浊效果取决于三方面:①晶体与基质玻璃折射率的差值。差值越大,则散射率越强,乳浊效果就越好。②微晶体的数量和大小。微晶体数量越多,单个晶体的体积越小,散射效果越好,乳浊程度就越高。③微晶颗粒在釉熔体中分布越均匀,散射效果越好,则乳浊效果就越好。加入釉中的乳浊剂有很多种,因而乳浊釉通常以乳浊剂的名称来命名,常见的乳浊釉有锆乳浊釉、锡乳浊釉和钛乳浊釉。

(1)锆乳浊釉。锆乳浊釉的显微结构是在釉中残留或析出锆化合物的晶体,使得釉层失透,形成乳浊。常用的锆乳浊剂有锆英石或化工原料,如氧化锆、硅酸锆。锆乳浊釉中的乳浊相粒子,以锆英石为主,少量的锆釉中有锆石析出。锆釉中乳浊剂的量以 10% ~18% 为好。当锆釉中的乳浊相为锆石时,其乳浊效果最好;当锆釉中的乳浊相为锆英石与锆石时,乳浊效果好;当锆釉中的乳浊相为锆英石时,其乳浊效果较好。这是因为锆石的折射率(2.13 ~2.20)大于锆英石的折射率(1.94)。如何控制乳浊相晶体呢? 文献中指出:釉中析出的晶相与釉料中酸性氧化物和碱性氧化物的含量有密切关系。当釉中 SiO_2 的含量小于 52.3% (或 SiO_2 系/ZrO_2 <3)、K_2O 和 Na_2O 的量为 13% ~24% 时,从釉熔体中析出单斜锆石;当釉中 SiO_2 的含量小于 54%、K_2O 和 Na_2O 的量小于 20% 时,釉熔体中主要析出锆英石;当釉中 SiO_2 的含量大于 54%、K_2O 和 Na_2O 的量大于 20% 时,及时在釉中加入 20% 的锆英石,釉熔体中不会析出晶体,这是因为此釉黏度过低,对晶粒的熔解能力过强。

锆釉的乳浊性与乳浊相粒子的粒度有较大的关系。一般认为:当乳浊相粒子的直径与可见光波长相当时,乳浊效果最好;粒径越大,乳浊效果越差;同样分量的乳浊剂,粒径越小,形成的散射中心越多,乳浊效果就越好。从显微结构分析来看,生料锆英石釉烧成后,主要是以残留的锆英石为乳浊相,其颗粒大小不均匀,分布也不均匀,乳浊效果较差;而熔块锆釉以残留的锆英石为乳浊相,其颗粒大小不均匀,分布也不均匀,乳浊效果较差;而熔块锆釉则因在熔制熔块时已将锆英石熔化在含碱性氧化物的熔体中,很少有残留。釉烧时从熔体中析出大量的晶体,且晶粒细小,乳浊效果好。因而在生产实际中,通常使用熔块釉,让乳浊相在釉烧过程中析出,保证获得足够数量的细小的散射中心;另一个措施是先将锆英石等原料进行超细粉碎,然后再加入组成合适的生料锆釉中。此外,在锆釉中常加入硼和氟等晶核形成剂(以它们的盐类或酸的形式引入)。当在釉中加入晶核形成剂后,烧后釉中形成的锆化合物晶粒的数量要比不加时多得多,而晶粒尺寸却小得多,因而提高了乳浊度。

锆釉中除了锆化合物乳浊相外,经常有其他晶相参与乳浊,如锌铝尖晶石、钙长石、透辉石、斜长石等。至于析出什么晶体,视釉料组成而定。

(2)锡乳浊釉。锡乳浊釉的显微结构是釉层中均匀分布着一定数量的 SnO_2(折射率高达 1.99 ~2.09),比基础釉玻璃的折射率要高出 40% ~50%。也有人认为,釉中除含有 SnO_2 外,还含有锡楣石($CaO \cdot SnO_2 \cdot SiO_2$),二者共同起作用。

在釉烧过程中,锡乳浊釉中的乳浊剂 SnO_2 几乎不被熔解。有学者指出,在含铅的硼硅乳浊釉中,约有 0.01 mol 或用量的 10% 的 SnO_2 熔解于釉中。SnO_2 在釉中的熔解度因 Na_2O、K_2O 及 B_2O_3 的存在而增大,CaO、BaO、ZnO、Al_2O_3 会降低 SnO_2 的熔解度,PbO 在一定程度上也会降低 SnO_2 的熔解度。因此,一般认为,锡乳浊釉中的乳浊相是釉烧过程中未被熔解的 SnO_2 晶粒,SnO_2 晶粒在釉中均匀、悬浮分布,引起光的散射而导致乳浊。

(3)钛乳浊釉。钛乳浊釉的显微结构是在釉层中均匀分布着的 TiO_2 晶体(锐钛矿或金红石)或钛榍石($CaO \cdot TiO_2 \cdot SiO_2$)晶体,使入射光线发生散射而形成乳浊。由此可知,钛乳浊釉的乳浊相既可以是锐钛矿,也可以是金红石,还可以是钛榍石。不同的乳浊相所形成的乳浊效果不同。当釉烧温度低于 900 ℃时,釉中主要析出锐钛矿(折射率为 2.52)晶体,锐钛矿的生长速度缓慢,晶粒细小,粒径为 0.16 μm ~ 0.3 μm,乳浊效果好,釉色白中泛青。当釉烧温度高于 900 ℃时,釉中主要析出金红石(折射率为 2.76)晶体,尽管金红石的折射率比锐钛矿高,但釉色却白中泛黄,不能令人满意。这是因为金红石对气氛极为敏感,其结构易于形成氧空位,结构中的钛阳离子能俘获除氧离子后留下的电子,保持电中性,但是钛阳离子俘获的电子具有较高的能量,会吸收可见光光子的能量激发到导带,从而使金红石晶相产生黄色调;金红石晶体生长较快,晶粒较大,粒径大于 0.3 μm,对中、长波长的光线散射强度大,形成的视觉效果是釉面偏黄。由此可见,由于陶瓷生产的烧成温度一般不低于 900 ℃,因此在陶瓷生产中不太可能获得锐钛矿,而金红石形成的釉面色调又不能令人满意。显然,要使用钛乳浊釉就必须改变钛釉的显微结构,设法控制釉中晶体的种类、数量与大小,从而提高乳浊效果。让 TiO_2 与釉中的碱性金属氧化物生成复合硅酸盐作为乳浊相是较好的解决途径。钛榍石乳浊相就是在此背景下开发出来的。钛榍石界面上发生的光学作用不那么强烈,但乳浊作用的强弱不仅与乳浊相和基础釉的折射率的差值成正比,还与釉中乳浊相粒子的数量成正比,与乳浊相粒子的粒径成反比。与金红石相比,釉中析出的钛榍石晶粒多而细小,不像金红石那样粗大,釉中析出的钛榍石粒子数几乎是金红石的 3 ~ 4 倍。也就是说,以钛榍石为乳浊相的釉中,散射中心多,乳浊效果好。

为了保证钛釉中的乳浊相是钛榍石,必须控制 TiO_2 与 CaO 的摩尔比。日本专利认为,当 TiO_2 与 CaO 的摩尔比为 1/2 ~ 1/0.7 时,可以获得稳定的钛榍石晶粒;如果大于 1/0.7,则因 TiO_2 过剩,烧成后会析出金红石,影响釉面色调;如果小于 1/2,则因钙含量过剩,釉面呈灰色调。一般情况下,TiO_2 的加入量为 4% ~ 10% 时较好。

钛釉在烧成过程中会出现固液平衡,固液平衡温度为 1127 ℃ ~ 1142 ℃。若在此范围内烧成,冷却后釉中既有微晶存在,又有通过液—液分离得到的粒径为 0.2 μm ~ 0.4 μm 的液滴,釉中同时存在固相乳浊与液相乳浊,乳浊效果好。

三、结晶釉的显微结构

结晶釉是一种陶瓷艺术釉,它区别于普通釉的根本特征在于釉中含有一定数量的可见结晶体,即在釉层某部位有少量的发育良好的大晶体,或多个晶体聚集在一起构成不同形态的晶簇,以晶花的形式(如星形、针状、花叶形)出现在釉面,而不是均匀分布在整个釉层。

按晶体大小,结晶釉可分为粗结晶釉和微结晶釉两大类。粗结晶釉可凭肉眼看见,直径在几毫米和几十毫米之间,表面为完全发育或部分发育的结晶所覆盖,或结晶在釉表面的下层,封闭在玻璃质基体之中。这种釉即是典型的结晶釉,硅酸锌结晶釉、金星釉都属于此类型。微结晶釉结晶很小,有的甚至肉眼很难辨别,需要借助显微镜放大才能看出来。结晶的形态基本是针状、板状或微小的球状。

结晶釉的形成关键是控制晶核形成速度的最大值与晶核生长速度的最大值。析晶时,成核区与生长区的温度相差很大。在临界成核温度时,成核速度是最快的。温度升到 1200 ℃ 以上时,能把大部分的晶核熔掉,冷却到迅速生长区时可以剩下的少数晶核为基础生长出很大的晶花。影响结晶的因素有釉料组成、烧成制度(特别是冷却制度)、釉熔体黏度、熔质的浓度等。

四、无光釉的显微结构

无光釉是指呈丝光或玉石光泽而无强烈反射光的釉,它是乳浊釉的一个特例。其显微结构是在釉玻璃体中析出的大量细微晶体,均匀分布在釉表层及内部。在显微镜下观察,可见釉表面不平整,呈波浪状态,波峰与波底的差值为 6 μm ~ 8 μm。正是这种波浪纹有效地减弱了入射光线的镜面反射,增强了漫反射,从而使釉面光泽度较差。制备无光釉的方法是将釉料用高温充分熔融,冷却时釉中的某些组分因过饱和而析出微晶。冷却速度是制造无光釉的关键之一,一般采用缓慢冷却,可以使釉析晶而无光。影响无光釉效果的因素主要有釉料组成、釉层厚度、加工因素、烧成制度等。无光釉中的微晶体一般为钙长石、滑石、硅锌矿、钡长石、辉石、莫来石等。

五、高温颜色釉的显微结构

高温颜色釉为石灰质或石灰碱质,是在石灰釉中用 CaO 作助熔剂,在 1250 ℃以上的温度中烧成的。高温颜色釉最早出现于殷周时期,是以 Fe_2O_3 为着色剂、以 CaO 为主要熔剂的青釉。明、清时期,高温色釉种类繁多,除青釉外,还有名贵的红釉、蓝釉、酱色釉和乌金釉等。高温颜色釉的显微结构是根据其着色元素的不同而加以区分的。

1. 青釉

早期的青釉是含钙量较高的石灰釉,宋代以后逐渐转变为含钙量与含钾量相近的石灰碱釉。青釉的发明与我国瓷土矿大都含有一定量的铁矿的现象是相一致的。青瓷釉的颜色并不是单一的、纯粹的青色,而是有许多种,如天青、粉青、梅子青、豆青、豆绿、翠青等,多少总会泛一点青绿色。古人往往将青、绿、蓝三种颜色,统称为"青色"。

青瓷釉晶莹纯净,呈现出如冰似玉的质感,这是由其显微结构所决定的。如:钧窑青瓷釉中硅含量高,铝含量低,掺有少量的磷,高温下磷在高硅质玻璃釉中产生分相,使釉呈现出乳浊效果且带有乳光;龙泉哥窑青瓷、汝官窑青瓷和枢府青白瓷的釉中硅含量稍低,铝含量稍高,烧成后釉中有微气泡团聚集堆叠,并有大量的微细钙长石晶体,两者共同形成光的散射源,使釉面乳浊;临汝窑青瓷釉中的气泡较大,甚至孤立分散于釉中,钙长石晶体极少,因而釉是透明的。

青釉的呈色主要决定于着色氧化物的含铁量与烧成气氛,青釉含铁量一般为 1%~3%。含铁量过高会变成黑釉,低了会烧成白瓷。釉中 Fe^{2+} 和 Fe^{3+} 的浓度比例决定釉的青、黄色调的深浅。在还原气氛中烧成时,Fe^{2+} 与 Fe^{3+} 的比值高,釉色青绿;在氧化气氛中烧成时,Fe^{2+} 与 Fe^{3+} 的比值低,釉色泛黄。釉呈色的深浅也与釉层的厚度有关:在含铁量相近的情况下,釉层越厚,釉的颜色越深。如钧窑天青釉和汝官窑天青釉色调相近,但前者比后者厚得多,因此钧窑青釉的含铁量低于汝官窑釉,但颜色的深度相近。此外,釉呈色的深浅还与铁的浓度、SiO_2 与 Al_2O_3 的比值、CaO 与 K_2O 的比值、烧成温度以及釉的熔融状态等有关。

2. 黑釉

黑釉的釉面呈黑色或黑褐色,其主要呈色剂为 Fe_2O_3,同时掺入少量或微量的锰、钴、铜、铬等氧化着色剂。通常所见的赤褐色瓷器或暗褐色瓷器的釉料中,Fe_2O_3 的比例为 8% 左右。如将釉层加厚到 1.5 mm,烧成的釉色即为纯黑色。以铁为呈色剂,涂层厚约 1.5 mm,经还原焰焙烧后,釉色呈纯黑色。

黑釉釉料主要是石灰釉和石灰碱釉两大类。资料记载,我国至迟在东汉时就能烧制黑釉,东晋至南朝初期的德清窑,用含铁 6% ~8% 的紫金土配制黑釉,釉面光泽,色黑如漆。东汉、东晋等早期的黑釉属石灰釉,唐代以后基本上改用石灰碱釉。

福建建阳的建盏(兔毫盏)、江西吉州的天目釉都是著名的黑釉瓷。吉州天目釉除了纯黑色的,多数釉面呈现条纹和斑块,比如兔毫釉、油滴釉、玳瑁斑釉和虎皮斑釉等。它们一般施两层釉,先在坯体上施普通黑釉或酱黄釉作底釉,然后再施含磷的乳浊面釉。烧成过程中,两种釉料互相作用产生多变的色调与自然的流纹和斑块。吉州天目釉的结构特点是:

①底釉多数呈色透明,往往有残留的石英微粒,少数石英周围生长着犬齿状的方石英微晶。底釉及其和面釉结合区中的铁都以磁铁矿为主,带有少量赤铁矿。

②釉的斑纹区是底釉与面釉作用发生液相分离呈现乳浊的结果。分离的液滴并未析晶。孤立的液滴直径最小的低于 0.01 μm,最大的可达 0.05 μm;一般兔毫釉中的较小,而鹧鸪斑釉中的最大。有些釉甚至出现两次液相分离。

③釉的斑纹区或多或少都含有透辉石针晶聚集而成的球晶。

④坯釉界面上有一个钙长石中间层。

3. 铜红釉

铜红釉是在基础釉料中以铜的氧化物为着色剂,经高温还原气氛烧制而成的,是红釉品种中最为重要的一类。早在唐代,我国就已经开始利用铜烧出红色,但是因为技术的原因,烧成率很低,所以存世量极少。到了宋代,著名的钧窑已经可以大量烧制红斑瓷器,且红色已经相对稳定。元末明初,景德镇的铜红釉烧制技术已经相当成熟,景德镇在永乐、宣德年间创烧出釉色鲜红的瓷器,即"祭红"。明中期以后,铜红釉日渐式微,甚至一度失传,到了清朝康熙年间才得以恢复,并发展出郎窑红、豇豆红等名贵的品种。

有学者系统研究了铜红釉的显微结构。研究结果表明:铜红釉的显微结构从釉表层到坯、釉交界处可分为四层。通常在铜红釉中第一层为无色层,第二层为红色层,第三层为浅紫色层(少数为灰蓝色层),第四层为无色层。这四层的变化会导致外观、呈色的变化。对呈色影响最大的是红色层,红色层红色的浓淡决定着呈色的色调。从结构上看,郎窑红釉和祭红釉的第一层(无色层)和第二层(红色层)较厚,第三层和第四层较薄。从红色层的强度来看,钧红最大,郎窑红次之,祭红最小。

一般认为釉料色层中的红色是胶体状的金属铜所致;也有研究指出,红色是氧化亚铜粒子所致;还有研究者认为,红色是釉中的 Cu^+ 和 Cu^0 共同着色,因烧成条件的变化,两者的比例关系改变,而呈现出不同的釉色。

理论上讲,以氧化铜做发色剂,在稳定的还原焰中煅烧,就能得到鲜艳的红色,虽然用适当的还原焰烧制可以得到美丽的红色,但还原不完全、部分氧化、温度偏低等因素,都可能导致红釉釉色改变——出现发灰、发绿、发黑或烧失等现象。烧造时,产品在窑中所处的位置、窑里的温度与气氛甚至天气和季节变化,都会对它的烧成产生很大的影响。

4. 钧釉

钧釉是一种艺术釉,由特殊的化学成分组成,以铜、铁为着色剂在高温还原气氛下烧制而成,并因窑内温度、气氛的变化而形成色彩多变、纹路奇特、意境无穷的窑变效果。钧瓷窑变釉大体上有三类:一是窑变单色釉,以宋、元时期的月白釉、天蓝釉、天青釉、豆绿釉为代表;二是窑变彩斑釉,以宋、元时期的天蓝红斑釉为代表;三是窑变花釉,以宋钧窑紫红釉为代表。钧釉的主要特点是釉层较厚,釉质莹润,层次感强,釉质较细腻,呈乳浊状。

釉的乳光是指从不同角度观看时,釉色有轻微变化,使釉层具有含蓄的光泽。窑变现象是指釉面不同背景上布满流纹,色彩交错变化。钧窑的釉区别于其他釉的最大不同之处是,它的釉结晶结构呈纤维状,这种纤维状结构主要在显色部分,而纤维状结晶和玻璃状均质结晶(就是不显色部分)之间,有很大的气泡;这些气泡有不少突破釉面,造成钧窑瓷器釉面呈橘皮棕眼状。这显然有助于光在釉面的散射,使得钧窑窑变颜色的层次感更加丰富,这一般是加入石灰碱的缘故。所以说,对于钧釉窑变的呈色,铜的还原反应是直接原因,而石灰碱入釉则是间接原因。

我国的一些陶瓷学者从理论上对钧釉的显微结构、乳光性及窑变流纹等做出了解释:天青色乳光釉和蓝白交错的窑变釉的釉层横断面都分为颜色和透光性明显不同的两层:上层是厚度为 0.7 mm ~ 1.2 mm 的深蓝色乳光层;下层是厚度为 0.15 mm ~ 0.2 mm 的橄榄绿色透明层。乳光釉中气泡多而小,直径一般为 0.05 mm ~ 0.1 mm。窑变釉中气泡少而大,一般为 0.2 mm ~ 0.6 mm。乳光釉的乳光层在反光下呈现均匀的浅蓝色,在透光下呈现均匀的橘红色;窑变釉的乳光层颜色和透光度很不均匀,在针孔处以及靠近表面的气泡附近的局部釉区,透光度好且蓝色较深,直径为 1 mm ~ 2 mm 的斑点分散在上层釉中。斑点周围呈现各种形态的流纹,从流纹的边沿到中心区,透光性逐渐减弱,蓝色也逐渐变淡,直至变成几乎不透明的蓝白色。各种钧釉的乳光层均液相分离,乳光层中有分离出来的液滴。乳光层中分相液滴较大,数量较多。但向透明层方向移动时,液滴减小,数量减少。至透明层时,其 Al_2O_3 含量比乳光层高,分相受到抑制,分相现象几乎完全消失而变成均匀的玻璃体。

参 考 文 献

1. 陈显求,黄瑞福,陈士萍,等.宋、元钧瓷的中间层、乳光和呈色问题[J].硅酸盐学报,1983(2):129 – 140,257.

2. 轻工业部陶瓷工业科学研究所.中国的陶瓷:修订版[M].北京:轻工业出版社,1983.

3. 中国硅酸盐学会.中国古陶瓷论文集[M].北京:文物出版社,1982.

4. 李家驹.日用陶瓷工艺学[M].武汉:武汉理工大学出版社,1992.

5. 稻田博.陶瓷坯釉结合[M].姚治才,译.北京:轻工业出版社,1988.

6. 轻工业部第一轻工业局.日用陶瓷工业手册[M].北京:轻工业出版社,1984.

7. 熊燕飞.陶瓷釉的分相[J].陶瓷研究,1997(1):20 – 22.

8. 杨世源,何阳仲.釉烧温度和保温时间对陶瓷坯釉适应性影响的研究[J].陶瓷研究,1994(4):192 – 196.

9. 素木洋一. 釉及色料[M]. 刘可栋,刘光跃,译. 北京:中国建筑工业出版社,1979.

10. 刘康时. 陶瓷工艺原理[M]. 广州:华南理工大学出版社,1990.

11. 郭靖远,相清清. 日用精陶[M]. 北京:轻工业出版社,1984.

12. 南京化工学院,华南工学院,清华大学. 陶瓷物理化学[M]. 北京:中国建筑工业出版社,1981.

13. 莎尔满,舒尔兹. 陶瓷学:上册:基本理论及重要性质[M]. 黄照柏,译. 北京:轻工业出版社,1989.

第二章　青瓷的釉层分析及工艺

青瓷是我国瓷器的传统品种之一。东汉晚期,浙江越窑青釉瓷烧制成功标志着中国从陶向瓷发展的一个飞跃。浙江作为我国南方青釉瓷的主要产区和发源地,不仅烧制了中国乃至世界最早的瓷器、我国南方青釉瓷的代表——越窑青釉瓷,而且烧制出龙泉青釉瓷和南宋官窑青釉瓷等享誉中外的青釉名瓷品种,把我国南方青釉瓷的制作推上了巅峰。

第一节　越窑青釉瓷

一、越窑青釉瓷的出现和发展

越窑是我国瓷器的发源地之一,是中国古代最著名的青瓷窑系。东汉时,中国最早的瓷器在越窑的龙窑里烧制成功,因此,越窑青瓷被称为"母亲瓷"。越窑始于汉代,盛于唐代。在唐代中后期,瓷器烧制技艺已达到了纯熟的程度。考古调查证明,越窑青瓷的主要产地是浙江省的宁绍地区,即唐代明州慈溪县(今慈溪市)上林湖。在漫长的制瓷历史中,越窑出现了两个鼎盛时期:一个是西晋时期;另一个是唐代中后期至五代时期。

(a)

(b)

图 2-1　上林湖越窑遗址

六朝时期,浙江青瓷的制作和生产已有很大发展,逐渐形成了著名的越窑体系。六朝时期,青瓷的造型总体来说变化不是太大,比较单一,相对稳定,样式也不算太多。主要原因是六朝时期社会意识形态和人文观念错综复杂、矛盾重重,并渗透到艺术的各个领域,形成了特殊的时代个性。六朝早期的瓷器因沿袭两汉旧制,显得淳厚、稳重、规整、质朴。

图 2-2　青釉鸡头龙柄壶

青釉鸡头龙柄壶,南朝瓷器,高 34.4 cm,口径 10.5 cm,底径 13.5 cm。壶洗口,细颈,丰肩,鼓腹下敛,平底。外底有支烧痕。肩部一侧置鸡头形流,相对一侧的口、肩之间置龙形柄。肩部另两侧对称置桥形系。通体施青釉,有流釉现象,釉面

开细碎的纹片。（图片源自故宫博物院官网）

图 2 - 3　青釉堆塑五联瓷罐

青釉堆塑五联瓷罐,东汉瓷器,高46.5 cm,口径6.4 cm,底径16.5 cm。五联罐主体为三节葫芦形。施青釉至腹部,其下流釉数道。上腹为两节葫芦形,周围堆塑4个小罐。束腰处塑贴熊、龟和蜥蜴等。下腹有4道弦纹。胫部渐收,平底。（图片源自故宫博物院官网）

到西晋时期,越窑青瓷无论在造型、釉色、纹饰还是在烧造工艺上都得到了高度的发展。受当时当地的文化背景、生活方式、经济状况、审美意趣的影响,在对瓷器造型的审美追求上,西晋青瓷有别于汉代瓷器的浑厚,流露出江南水乡的灵秀之气。西晋青瓷造型丰富,承前启后,艺术性特别强,在设计方面做到了即兼顾实用性又美观大方,总体感觉是清新典雅、柔和轻巧。西晋越窑青瓷,从造型与纹饰上看,时代特征非常鲜明,使人一目了然。整体动物造型和装饰类动物造型的工艺比较盛行,陈设器、日常生活用器及随葬的明器上都频繁使用,流行的器物有狮形避邪、青瓷羊尊、唾壶、虎子、鸟形水盂、蛙形水盂、鸡首壶、猪圈、鸡笼堆塑罐等。普遍出现的纹饰有斜方格纹、弦纹、铺首衔、联珠纹环等。

图2-4　青釉羊

青釉羊，西晋瓷器，高13.5 cm，长15 cm，宽11 cm。羊作卧姿，昂首张口。四足屈于腹下。双卷角后盘。颌下有须。羊首顶有一圆孔用以插物。背部饰对称的线条纹。腹部两侧用戳印纹和篦花纹刻划羽翼。臀部上端贴附短尾。通体施青绿釉，釉色莹润，四足支烧处无釉。（图片源自故宫博物院官网）

隋唐经济的快速发展促使陶瓷工业制造技术突飞猛进。越窑产品追求类玉似冰的釉色效果，这与当时高超、成熟的制瓷工艺密不可分。在唐代，以釉取胜的越窑几乎专门提供宫廷用品。唐代的"秘色瓷"是越窑的代表作品，其造型严谨，釉色青翠、均匀，色泽典雅，体现了盛唐时期卓越的制瓷工艺。

隋唐五代可以说是越窑的大发展时期：窑场规模扩大、作坊数量激增，仅上虞县就有28处。官府设立贡窑，其产品地位空前提高，大大促进了生产工艺和技术水平的提高，并使越窑产品进入社会上层的生活领域，其地位可与金银、宝器、丝绸、珍品并列。这也使越窑成为全国六大青瓷名窑之首。许多文人纷纷吟诗作赋来赞美越窑。如陆龟蒙的"九秋风露越窑开，夺得千峰翠色来"，孟郊的"蒙茗玉花尽，越瓯荷叶空"，许浑的"越瓶秋水澄"，都反映了越窑瓷的釉色特点：或碧玉般晶莹，或嫩荷般青翠，或层峦叠翠般悦目。

图 2-5　越窑秘色瓷八棱净瓶

青釉八棱瓶,唐代瓷器,高 22.5 cm,口径 1.7 cm,足径 7.2 cm。瓶通体呈八棱形,直口,长颈,溜肩,鼓腹,腹以下渐收至底,圈足。胎体呈灰白色。釉面明亮,釉色青绿,犹如一汪湖水。瓶体凸棱部位釉色浅淡,更增加了器型的美感。此瓶在装饰上颇具匠心。瓶类多呈圆形,此瓶则呈八棱形,且颈、肩相接处有三条凸棱,可谓与众不同。(图片源自故宫博物院官网)

二、越窑青釉瓷胎、釉的显微结构及性能

早期青瓷用的是草木灰釉,釉中已含有高温釉所需要的一切化学组成,包括呈色剂——铁——在高温还原气氛中烧制而成。由于原料加工、烧成工艺等原因,我国早期的青瓷呈黄色、青黄色、青色、青灰色等色调。

对龙泉塘墓葬和上虞小仙坛窑址出土的东汉晚期和西晋的两个瓷片进行测试,发现其烧成温度已达到 1300 ℃。在体视显微镜下,瓷片胎、釉的显微结构照片如图 2-6 所示。

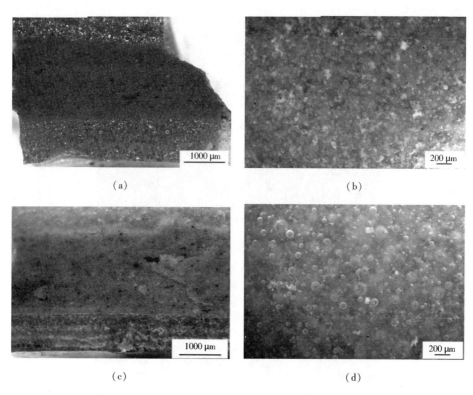

图2-6　上虞小仙坛东汉青釉瓷胎(a)、釉(b)及龙泉塘西晋青釉瓷胎(c)、釉(d)

显微结构照片

从图中可以看到,两个瓷片的显微结构大体相同,残留的石英颗粒均较细且分布较均匀,大部分石英颗粒都在几十微米范围内,为瓷石原料所固有。石英周围有明显的熔蚀边,棱角均已圆钝,说明烧成温度较高。长石残骸中到处可见发育较好的莫来石,偶尔可见玻璃中析出的二次莫来石,玻璃态物质较多。上虞小仙坛窑址出土的瓷片有时还可见到少量的方石英,同样说明烧成温度较高。从这两个瓷片的显微结构中还可以观察到少量的云母残骸,说明所用的原料是就地取土,为瓷石类原料。对两个瓷片进行X射线衍射分析后所得到的结果与显微镜观察的结果基本一致,可以说这两个青釉瓷胎的显微结构已与近代瓷器基本相似。

龙泉塘墓葬和上虞小仙坛窑址出土的两个瓷片的瓷釉均为透明的玻璃釉。用显微镜观察发现,两个瓷片的釉中均无残留的石英,也很少有其他的结晶。釉泡大而少,在显微镜下酷似一池清水,装点着几个圆形的"孤岛"。胎釉交界处可见多量的斜长石晶体自胎向釉生长而形成一个反应层,使得胎、釉结合较好,无剥釉现象。从釉的显微结构看,它们具有较高的烧成温度,因此无论在外观上或是在显微结构上都与原始瓷釉不同,不像原始瓷釉那样厚薄不均,易有裂纹,易剥落。

唐代越窑青瓷因为悠久的历史以及近乎完美的釉色而跃居众窑之首,成为当时青瓷中的佼佼者。从出土和传世的越窑青瓷来看,其胎质呈淡灰色,烧结致密,釉呈失透状。早期越窑青瓷的釉色,实际上是一种苍青色,或者说是艾青色,青中泛黄。晚唐、五代时期的越窑青瓷釉色多呈湖水绿色,葱翠滋润,乃是越窑中的上乘之作。越窑青瓷的釉色之所以能够在晚唐、五代时达到湖水一般碧绿青翠的程度,是因为工匠们对烧窑工艺不断改进。研究者对唐、五代时期的越窑青瓷的胎、釉做了化学组成分析,结果列于表2-1。

表2-1　唐、五代越窑青瓷胎、釉的化学组成

样品名称	部位	氧化物含量(%)												备注
		SiO_2	Al_2O_3	Fe_2O_3	TiO_2	CaO	MgO	K_2O	Na_2O	P_2O_5	FeO	MnO	总计	
浙江余姚窑唐青瓷	胎	75.83	17.17	1.84	1.00	0.29	0.55	2.67	0.87		1.17		101.24	胎呈淡灰色,断面中等粗细,有闭口小扁孔。釉呈豆绿色,不透明
	釉	63.67	11.75	1.93	0.65	15.12	2.69	1.61	0.85	1.62	0.19	0.41	100.30	
浙江温州窑唐青瓷	胎	74.37	18.32	1.10	0.71	0.36	0.93	3.68	0.29		1.00	0.02	99.20	胎微灰白,致密,有少量的闭口气孔。釉质光亮透明,呈淡灰青色
	釉	61.29	13.15	1.54	0.53	16.62	1.64	2.58	0.43	0.96		0.60	99.34	
浙江鄞县窑五代青瓷	胎	76.94	16.79	1.74	1.05	0.34	0.57	2.65	1.00	0.10	1.47	0.03	100.21	胎呈淡灰色,致密,有闭口小扁孔。釉光亮透明,呈豆青色
	釉	60.93	12.09	2.16	0.70	16.51	3.02	1.38	0.83	1.57		0.37	99.56	
浙江临海窑五代青瓷	胎	76.36	16.22	1.89	0.99	0.33	0.52	2.60	0.84	0.04	1.51	0.01	99.80	胎呈淡灰色,致密,有闭口小扁孔。釉呈青色,光亮透明,均匀
	釉	68.72	12.57	1.96	0.53	18.10	3.14	1.51	0.86	1.80	0.56	0.49	99.70	

通过上述数据可以看出,唐、五代时期,浙江各窑青瓷的瓷胎致密度较高。这是因为它们普遍以瓷石作为瓷胎的主要原料,瓷石的 Al_2O_3 含量低,SiO_2 含量高;在1200 ℃~1270 ℃的范围内烧成后,瓷胎较致密。而这一时期,越窑青瓷釉使用的是含钙量达15%~20%的高钙石灰釉。宋代以后,越窑青瓷釉的含钙量才降低至15%以下,并引入了钾含量很高的原料制成石灰碱釉。

南方地区烧制青瓷普遍采用龙窑,它的一大特点是骤热骤冷,即升温快,冷却也快,不像北方馒头窑那样冷热缓慢。因此越窑能将这种熔度低、黏性小的釉料,烧得像玻璃一样透明澄澈。此外,烧制精美的青瓷需要用还原气氛,所以自古以来陶工们在烧窑时虽然不理解氧化、还原气氛对釉作用的本质,但依然会想尽办法使釉中的着色金属氧化或者还原,得到理想的美丽釉色。一般来说,还原越充分,釉色越好,但釉色与釉中的化学成分也密切相关。现将东汉优质青瓷(青绿)与五代劣等青瓷(黄绿)对比如下:

表 2-2　东汉、五代青瓷金属铁含量及烧成条件对比

时代	釉色	烧成气氛	还原比值	铁含量(%)	
				FeO	Fe$_2$O$_3$
东汉	青绿	较强还原	4.20	1.26	0.30
五代	黄绿	弱还原	0.40	0.50	1.23

从表 2-2 可以看出,还原比值越高,FeO 越多,Fe$_2$O$_3$ 越少,则青瓷釉色越好;反之,亦然。为了避免窑炉内产生不利的氧化气氛,必须在通风良好的情况下不断向窑炉内加入燃料,因此青瓷难烧而且成本也高。我国华东一带春夏季气候潮湿,不利于烧制青瓷,古代制瓷工匠们一般在台风季节结束后、天气较干燥时(如秋高气爽的晚秋或初冬)才开始烧窑。这也印证了陆龟蒙的诗句——"九秋风露越窑开,夺得千峰翠色来"。唐代越窑的突出成就是总结前人成绩和创造性劳动的结果,为后来龙泉窑等名瓷的出现和发展提供了宝贵的经验,奠定了牢固的基础。

秘色瓷是唐、五代时期越窑青瓷的上乘之作,它的烧造取决于瓷土、釉色和烧成温度。秘色瓷釉中相当部分的 Fe$_2$O$_3$ 被还原,釉色就呈现较纯净的青色;反之,还原气氛弱,釉中大部分铁保持氧化状态,釉色就表现为青中泛黄。图 2-7 为慈溪上林湖五代及宋初秘色瓷盘残片胎、釉的显微结构。可以发现,虽然它们的烧成温度比上虞出土的东汉和西晋的瓷片低,但其显微结构仍十分相似。这两个瓷片的釉色非常接近法门寺地宫出土的纯正的青釉米色瓷盘。

越窑青釉瓷中某些烧成温度较高的瓷片不仅在显微结构上与现代瓷接近,而且在性能上也符合现代瓷的标准。如上虞小仙坛东汉晚期瓷片的吸水率为0.28%,龙泉塘西晋瓷片的吸水率为 0.42%,说明它们均为烧结体。测试的部分瓷片抗弯强度已高达 71 MPa,远远超过原始瓷的抗弯强度。

图2-7 慈溪上林湖五代末青釉瓷胎(a)及宋初青釉瓷釉(b)的显微结构照片

　　《历代越窑青瓷胎釉的研究》一文曾对上虞小仙坛和慈溪上林湖历代越窑青釉瓷釉面的分光反射率进行过详细的研究,所得结果可以说明两个窑址出土的历代越窑瓷青釉在色调上的差别。上虞小仙坛的东汉和东晋青瓷釉的反射率较低且整个曲线较为平坦,说明其青色已带有不同程度的灰黄色调。慈溪上林湖唐代和宋代青瓷釉的反射率较高,说明其青色较为纯正。可见,越窑发展到唐至北宋初的鼎盛时期,不仅在制作方面精益求精,而且在青釉的色调方面也在刻意追求。釉中 Fe_2O_3 和 TiO_2 的含量都较高,因此要得到较纯正的青釉是很不容易的。尽管唐代诗人用最美的诗句来赞美越窑青釉,但越窑青釉与后来兴起的龙泉窑青釉相比仍有一定的差距。

第二节 北方青釉瓷

　　唐人陆羽在《茶经》中提道:“碗,越州上,鼎州次,婺州次,岳州次,寿州、洪州次。”按照陆羽的排列,唐代青瓷碗以越窑青瓷为第一位,以鼎州生产的青瓷为第二位。陆羽描绘的青瓷窑窑址基本都已找到,只有鼎州窑窑址尚不明确。《古今中外陶瓷汇编》一书中说:“鼎州窑在今陕西省泾阳县,胎似越窑而闪黄,并有绿釉内闪黄者,《茶经》以为次于越窑。”清人蓝浦在《景德镇陶录》中记载:“鼎窑,唐代鼎州烧造,即今西安府之泾阳县也。”但是到目前为止,尚未在云阳、泾阳、三原、醴泉一带发现唐代鼎州窑窑址。从地域上看,今铜川黄堡靠近三原县和泾阳县,在唐代是否隶属鼎州,无法从现有文献中得到佐证。但是,从今天黄堡所处的地理位置看,唐人把黄堡瓷笼统地称为鼎州瓷的可能性是很大的。

鼎州瓷应该是一个大概念,鼎州附近所产瓷器都属于鼎州窑,这是可以成立的。

图 2-8　黄堡镇唐宋耀州窑遗址

黄堡窑自盛唐至晚唐,有 150 年的历史未再设州,所以人们未明确黄堡生产的瓷器属于何窑,依据考古学惯例,为慎重起见,称其为黄堡窑。五代时期黄堡属耀州管辖,理应称黄堡窑为耀州窑,但学界还是习惯把五代时期的窑址称为黄堡窑,把从宋代起至金、元时期的黄堡窑址称为耀州窑。这就说明鼎州窑青瓷属于当时的耀州窑系青瓷,黄堡窑则是唐代耀州窑的前身。在唐代耀州窑青釉瓷的质量已达到很高的水平,仅次于越窑青釉瓷。

除耀州窑外,北方有名的青釉瓷窑还有汝窑和北宋官窑。据考古调查分析,汝官窑青瓷作为专为宫廷烧制的贡瓷比耀州窑青瓷作为贡瓷的时间要晚。目前考古发现的耀州窑青瓷有唐代遗物,而对于汝窑,目前考古发现的最早的是北宋时期的产品。这两个窑址的烧造历史也表明耀州窑早于汝窑。对比耀州窑青釉瓷和汝窑民间瓷器(即临汝窑瓷器)的质量也可以发现,耀州窑产品高于临汝窑产品。

北宋官窑因地处汴京(今开封市),又称为汴京官窑,主要为宫廷烧造瓷器。北宋官窑的许多工艺方法与汝窑相似,人们常认为北宋官窑制作工艺受汝窑的影响,或是汝窑的工匠到汴京官窑直接参与制作瓷器。

哥窑名列宋代五大名窑,关于哥窑的文献记载最早可见于明代的《宣德鼎彝谱》:"内库所藏柴、汝、官、哥、钧、定各窑器皿。"随着文献资料的不断发现和考古资料的不断充实,人们对哥窑的认识已渐趋清晰。然而,由于缺乏同时期的文献,且后代文献只是一鳞半爪,零零碎碎,有的还互相矛盾,因此学术界至今仍没有达成统一的认识,无法揭开层层面纱,呈现它的真实面貌。虽然数十年来与哥窑相关的考古实物资料不断增多,并且依据这些实物资料解决了一些悬而未决的问题,但在惊喜之余人们发现,这些实物资料以及由此而得出的结论往往与文献记述无法对应,有些甚至南辕北辙。特别是对"传世哥窑""龙泉哥窑""龙泉仿官哥窑"等名词和实物以及文献记载的理解和概念上的差别,更易使人混淆。

一、耀州窑青釉瓷

耀州窑窑址主要指位于今陕西省铜川市黄堡镇的黄堡窑,有"十里窑场"之称。耀州窑青瓷于唐代创烧,当时只是众多瓷品中的一种;经过五代的发展,开始专烧单一的青瓷品种;至宋代到达鼎盛期,其精美的刻花工艺、典雅的青釉装饰,被誉为"宋代青瓷刻花之冠"和"北方青瓷代表";到了金代,战乱频繁,耀州窑青瓷开始衰落,但仍继续烧制;至元末,停止烧制青瓷,改为烧制白瓷和黑瓷。

图 2 - 9 耀州窑博物馆

耀州窑所处的关中平原北部,属于沉积岩地带。这里煤炭含量丰富,坩土产量大,且富有黏土和石灰石等矿物资源,对耀州窑的烧制很有利。耀州窑以黄堡镇附近的泥池(原料产地)黏土为主要的制瓷原料。此外,小清河、土黄沟及塬下一带也有黏土原料,陈炉镇附近的东山坩土、罗家泉坩土、黑药土和料姜石,以及富平县出产的釉石也是重要的制瓷原料。从泥池至黄堡镇西南的新村沟,全长5公里,为耀州窑古窑遗址范围。它们的化学分析成分列于表2-3中。

表2-3　耀州窑主要制瓷原料的化学组成

名称	产地	外观状态	氧化物含量(重量%)									酸不溶物	总量
			SiO$_2$	Al$_2$O$_3$	Fe$_2$O$_3$	TiO$_2$	CaO	MgO	K$_2$O	Na$_2$O	烧失		
泥池黏土	黄堡	灰色土状	62.35	24.73	1.08	0.93	0.27	0.45	2.10	0.10	8.70	—	100.71
东山坩土	陈炉	灰白色块状,易风化	46.50	33.10	0.10	0.62	0.54	0.31	0.025	0.076	13.69		99.91
罗家泉坩土	陈炉	深灰色块状,易风化成土状	57.12	22.99	0.78	1.65	0.73	1.36	2.51	0.66	9.38		101.53
黑药土	陈炉	棕色土块状	56.57	11.53	4.60	0.65	10.35	3.81	2.25	1.84	9.88		101.43
料姜石	陈炉	姜黄色土块状	16.65	4.07	1.38	0.24	41.64	1.45	0.83	0.48	33.68		100.42
石灰石	陈炉	青灰色块状	0.39	0.11	0.39	微量	54.66	0.80	—	—	43.24	0.69	99.93
富平釉石	富平	青色石块状	65.33	12.12	1.25	0.20	6.60	3.30	2.49	1.37	7.40	—	100.06

泥池黏土主要是含高岭石的黏土,另有少量的石英、云母和长石等矿物。东山坩土为含高岭石的黏土,为灰白色块状,含有少量的 Fe$_2$O$_3$。罗家泉坩土为含高岭石的粉沙状黏土,呈灰色块状,分散有 5% ~ 10% 的石英,含有少量的云母和长石细颗粒,以及微量的金红石和含铁矿物。料姜石呈姜黄色块状,主要是方解石细颗粒的集合体,另有石英、长石、云母和极少量的磁铁矿、金红石等矿物。富平釉石为钙质粉沙黏土岩,为青色块状,主要含高岭石和方解石,另有少量的石英、长石细颗粒,其中还有极少量的磷灰石、黑云母和含铁矿物。

不同时期的耀州窑青釉瓷胎、釉的质量均不同。唐代原料选择较为随意,原料淘洗不够精细,且大多使用粗质坩土,含杂质较多,再加上胎泥制备技术以及烧成控制水平不够高,所以瓷胎较粗,胎体泛黄或泛褐色,白度不高。通常胎体内有大小不等的铁砂粒,经窑火烧结,铁颗粒泛出表面,形成许多杂色斑点或斑块,加之釉层较薄,玻璃质感强,透过釉层可看到许多小黑点。

图2-10　耀州窑青釉葵瓣口碗

耀州窑青釉葵瓣口碗,五代瓷器,高7.5 cm,口径19.2 cm,足径7.2 cm。碗呈五瓣花口状,口沿外撇,斜壁,浅圈足。腹壁自花口凹陷处起棱线。通体施青釉,釉层较薄,釉面玻璃质感强并开细碎片纹。(图片源自故宫博物院官网)

五代时期淘汰了那些烧白瓷不成功的原料,选择了含铁量较多、质地较好的坩土。与此同时,青瓷的加工工艺有所提高。原料的处理增加了淘洗、捏练和陈腐等工序,使瓷胎质量得以提高。这一时期的青瓷胎体呈浅灰色,比唐代的致密,比宋代的厚、深,气孔小,烧结程度较好。

图2-11　耀州窑青釉印花童子玩莲纹碗

耀州窑青釉印花童子玩莲纹碗,宋代瓷器,高4.5 cm,口径14.3 cm,足径3.3 cm。碗撇口,腹壁斜收,矮圈足,足底粘窑渣。通体施青釉。碗内印莲花一束和四

个童子。四个童子分别手持一枝莲花,身体呈不同的姿势做嬉戏状。(图片源自故宫博物院官网)

宋代初期,原料加工逐渐完备。为取得良好的效果,青瓷胎体会施一层白色化妆土,但这一时期的青瓷胎体仍然较厚,胎体颜色发灰的情况仍没有太大的改变。宋代中晚期,胎、釉的质量都有很大的进步,青瓷以细腻的灰胎为主,普遍偏薄。由于原料开采加工更加精细,胎体致密,颜色偏浅,一般不再施化妆土。宋代耀州青瓷的釉色青中微微泛黄,十分晶莹,釉层较薄,釉面光泽度好,玻璃质感较强,胎和釉结合得十分紧密,晚期还出现了月白釉青瓷。

图 2 - 12　耀州窑青釉刻花《吴牛喘月》纹碗

耀州窑青釉刻花《吴牛喘月》纹碗,金代瓷器,高 7.6 cm,口径 21.3 cm,足径 6 cm。碗敞口,深弧壁,圈足。通体内外施青釉。碗内菱形开光内刻一轮明月高悬于天空,一头水牛前腿直立,后腿弯曲而跪,头部昂起,口微张。水牛周围及开光之外刻以花草纹饰。(图片源自故宫博物院官网)

金代的瓷器胎体有两种:一种是浅灰胎,致密精细,质量比宋瓷有所提高;一种是粗厚胎体,产量极大。到了元代,原料的品质和加工水平都有所下降,釉色多为姜黄色,釉层更薄,器物一般施满釉。

耀州窑青瓷,最晚于中唐(8 世纪后半)开始烧制;晚唐开始仿越窑后,青瓷的发展突飞猛进。五代青灰釉瓷在造型、装饰特征上都与越窑有相似之处,釉色以青灰为主色调,但绝无越窑秘色瓷那样积釉处呈翠绿色的现象。其釉色处于灰、青之间,虽然有小部分瓷釉带少许绿色,但远不及宋代橄榄绿之绿,基本被灰、青主宰。表 2 - 4 列出了历代耀州窑青釉瓷胎、釉的化学成分。

表2-4　历代耀州窑青釉瓷的胎和釉的化学组成

名称	编号	部位	氧化物含量(重量%)										
			SiO_2	Al_2O_3	CaO	MgO	K_2O	Na_2O	Fe_2O_3	TiO_2	MnO	FeO	P_2O_5	C
宋瓷片	S7-1	胎	65.44	28.05	0.93	0.22	2.48	0.30	1.54	1.27	—	1.31	—	
		釉	68.25	14.72	10.27	1.87	2.4	0.37	1.90	0.19	0.06	0.97	—	
唐碗底残片	89	胎	66.49	21.22	0.43	0.77	1.60	0.12	2.20	1.55	0.01	0.22	—	
		釉	61.41	16.30	16.00	1.51	1.75	0.21	1.92	0.41	0.07	0.23	—	
宋印花残片	247	胎	73.91	19.01	0.46	0.81	2.33	0.30	2.54	1.15	0.01	0.24	—	
		釉	69.07	13.95	8.62	1.14	3.09	0.36	2.08	0.29	0.04	—	—	
宋耀州青瓷残片	Y-1	胎	70.18	24.59	0.20	0.61	2.37	0.26	1.43	1.28	—	1.31	0.04	
		釉	71.58	14.42	5.58	1.55	3.05	0.56	1.94	0.37	0.05	1.87	0.47	
	Y-2	胎	72.60	21.92	0.21	0.62	2.42	0.24	1.55	1.18	—	1.55	0.06	
		釉	65.67	14.28	12.62	2.17	1.92	0.37	1.51	0.29	0.06	—	0.72	
	Y-3	胎	64.52	29.79	0.53	0.52	2.24	0.26	1.76	1.36	—	1.36	0.06	0.2
		釉	67.03	15.27	9.63	1.38	2.57	0.36	1.82	0.34	0.07	1.16	0.77	
	Y-4	胎	72.16	20.28	0.38	0.78	2.59	0.35	1.71	1.16	—	1.30	0.14	0.07
		釉	70.00	13.59	9.48	1.32	2.71	0.31	1.43	0.11	0.05	0.58	0.61	—

耀州窑青釉瓷的釉色以光润的橄榄色为上,即青中显黄,如果烧成气氛偏氧化则呈现姜黄色或茶黄色。胎的颜色则为灰白色或浅灰色,Al_2O_3含量在20%和30%之间,变化较大,这是因为黏土淘洗的程度不同。胎呈灰色与所含Fe_2O_3和TiO_2的着色有关。釉中CaO含量的变化也较大:从5.58%到16%。CaO含量低的釉中往往K_2O的含量较高,这可能是因为配釉时使用了含钾量高的草木灰。配比的波动使釉中的CaO和K_2O之比有所波动,但从统计情况看,早期唐代青瓷釉中的CaO含量很高,随着时间的延续,CaO含量有逐渐降低的趋势。釉中有明显的大气泡存在。釉中的黄色成分与烧成温度高和还原气氛弱也有关系。唐代青釉瓷的烧结程度差,烧成温度偏低,胎的吸水率和气孔率高,釉不透明。宋代青瓷的烧成温度高,其吸水率和气孔率低,致密者分别为1%~2.6%和0.44%~1.12%。烧成温度高达1300℃~1320℃,釉的透明度也较高。

二、汝窑青釉瓷

汝窑为宋代五大名窑之一,窑址位于今河南省平顶山市宝丰县大营镇清凉寺村附近,此地宋时属汝州,故名汝窑。它创烧于北宋初,盛烧于北宋晚期,元末走向衰落。从窑址采集的标本及传世器物来看,在北宋后期——元祐至崇宁的 20 年间,汝窑一直为宫廷烧造御用青瓷器,釉色以天青为上,胎色以香灰色为上。至北宋晚期,烧制的御用品更以名贵的玛瑙入釉,色泽更加莹润,工艺越发精湛,在当时曾有"汝窑为魁"的说法。

根据考古发掘,可将汝瓷的烧制分为五个时期。第一期为北宋早期——汝瓷开创期(公元 960 年至公元 1022 年)。这一时期的产品造型简单,釉色较莹润,主要为民窑产品。第二期为北宋中期——汝瓷发展期(公元 1023 年至公元 1085 年)。这一时期的产品造型多样,釉色莹润,开片密细,独具特色,主要是民窑产品。第三期为北宋晚期——汝瓷鼎盛期(公元 1086 年至公元 1125 年)。这一时期的汝窑产品曾得到宫廷赏识,汝官窑得以建立,专为宫廷烧制御用青釉瓷。汝官窑生产的时间为公元 1086 年至公元 1106 年,前后只有 20 年。五大名窑中的汝窑指的就是这 20 年间作为官窑的汝窑。因烧造时间短、产量有限,传世的汝官窑产品极为稀少,所以越发珍贵。汝官窑产品制作精湛,出现了以天青、鸭蛋青为主的特殊釉色的青釉瓷。由于汝官窑生产受到限制,产量少,因此北宋徽宗政和时期,在京师设窑烧造瓷器,名曰"官窑",从此汝窑被北宋官窑取代。

第四期为金代——汝窑停烧期。此时宋、金对峙,汝官窑和中原地区的诸窑均停烧。直至南宋绍兴十二年(公元 1142 年)战乱平息后,汝窑才开始恢复生产,但由于技术流向南方,釉色和产品质量每况愈下,只烧一般的民用青瓷产品。第五期为元代,是汝窑的衰落时期。这一时期的产品比较粗厚,主要生产日用青瓷产品。由此可见,以汝窑为中心的汝州地区的瓷窑生产民用青釉瓷的时间很长。为与汝官窑加以区别,人们多习惯称这类民窑刻、印花青釉瓷接近耀州窑青瓷的品种为"临汝窑",而称为宫廷生产的一类为汝官窑。汝官窑青釉瓷品种多为素面,釉色为天青色,而民窑刻、印花青釉瓷则为艾青色透明釉,带黄绿色者为次。

有学者对宝丰清凉寺出土的汝官窑和汝民窑青瓷胎、釉的化学组成进行了对比分析,发现汝官窑和汝民窑的青瓷胎的化学组成相近,由此推断制胎原料的种类和配比基本相同。然而,青瓷釉的化学组成存在明显的差别:汝官窑青瓷釉中铝、钙、钾等元素含量较高,硅含量较低;汝民窑青瓷釉则与之相反。这表明它们的制釉原料在种类上相差较大。汝官窑青瓷釉具有高钙、高铝的元素含量特征。这为釉层中形成较多钙长石微晶簇和较厚的釉层提供了物理和化学基础,使得汝瓷釉具有玉质感。利用偏光显微镜可以观察到汝官窑青瓷釉中有类似玛瑙的纤维状、放射状集合体,说明汝官窑青瓷釉除采用釉灰和铝含量相对较高的长石质原料外,还添加玛瑙混合配制。而汝民窑青瓷釉仅以釉灰和长石质原料配釉。

图 2 - 13　汝窑天青釉圆洗

汝窑天青釉圆洗,宋代瓷器,高 3.3 cm,口径 13 cm,足径 8.9 cm。洗敞口,浅弧壁,圈足微外撇。通体施淡天青色釉,釉质莹润,釉面开细碎片纹。外底有三个细小如芝麻状的支烧钉痕,露胎处呈香灰色。外底中心镌刻一个"乙"字。(图片源自故宫博物院官网)

关于蓝、青系列汝瓷釉的呈色机理,中外研究者的观点一致:其呈色是化学色与结构色共同作用的结果。然而,关于着色剂的存在状态以及结构色的形成机理,学界却有不同的观点。有研究者提出,汝窑青瓷的釉色主要由铁离子的浓度决定,而非 Fe_2O_3 和 Fe_3O_4。随着 Fe^{2+} 和 Fe^{3+} 的比值增大,汝瓷釉的颜色从豆青逐渐过渡为粉青。也有研究者提出,汝瓷釉属于析晶—分相釉,其呈色包含铁离子着色基团产生的化学色和不均匀结构(纳米级分相结构和微米级析晶、气泡、未熔物等)产生的结构色。汝瓷釉中存在大量的结晶和分相结构,前者满足米氏散射的条件,后者则满足瑞利散射的条件。受到自然界非晶光子晶体结构色的启发,陶瓷釉中近程有序的分相结构可以产生非晶结构色,此为汝瓷天青色乳光的物理起源。

图 2 - 14　汝窑天青釉三足尊承盘

汝窑天青釉三足尊承盘,宋代瓷器,高 4 cm,口径 18.5 cm,足距 16.9 cm。承盘直口,浅腹,平底,下承以三个蹄形足。里外施淡天青色釉,釉面开细碎纹片。外底满釉,有五个细小的支烧钉痕。(图片源自故宫博物院官网)

汝官窑窑址发现的青釉瓷有四种:典型的天青汝官釉瓷、天蓝釉瓷和类耀州窑的刻印花青瓷(临汝青瓷)及汝钧釉瓷。从化学分析看,天蓝釉瓷也属于汝钧釉瓷,汝官窑青釉瓷的特征主要有两个:一是有淡天青色的细纹片釉;二是满釉支烧。细纹片作为装饰,对北宋和南宋的官窑及哥窑等青瓷的纹片装饰有很大的影响,可以说它是汝官窑技术的一大创新。支烧技术可能受到了耀州窑的影响,之后进行了改进。同样,官窑、哥窑、钧窑以及其他窑的满釉支烧技术也受到了汝官窑的影响。由此可以推断,在制瓷技术上大致有如下的承袭关系:

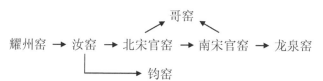

汝窑青釉瓷胎体普遍较厚,胎色以灰白色为主,这种颜色类似燃过后的香灰,浅灰中微微闪黄,少部分的胎质呈土灰色。胎体质地较松软,远不如越瓷、定瓷、龙泉瓷紧密。手感也相对较轻,其胎骨缺乏瓷质通常应有的玻璃相。这类玻璃相也就是我们说的瓷化程度。它关系到胎体的强度与硬度,还赋予胎质适度的透明度和光泽感。现代陶瓷科学认为,它的生成条件不外乎两个:外因——相关的窑温;内因——瓷胎中石英、绢云母、高岭土、长石等多种岩石状

矿物质所占的比例。然而,汝瓷的釉色能如此蔚蓝,其烧成温度当毋庸置疑,原因自然在坯土本身。因为长石和绢云母的特点是高温下黏度大,熔融范围宽,可促进瓷化并提供足够的玻璃相。而石英起减黏作用,过多的石英不利于熔融。因而可以断定,汝瓷胎泥中的长石和绢云母不足,或者石英过量,是瓷化不良的主因。

汝窑青瓷釉中最好的呈天青色,釉不厚,比较莹润;有的呈半透明;有的呈乳浊状态,这与烧成温度有关。表2-5所示为北宋汝官窑青瓷釉的化学组成。

表2-5　北宋汝官窑青瓷釉的化学组成

编号	Na_2O	MgO	Al_2O_3	SiO_2	K_2O	CaO	TiO_2	Fe_2O_3	P_2O_5	MnO
R1	0.02	1.97	14.08	70.65	2.58	8.26	0.16	1.54	0.63	0.11
R2	0.37	2.00	14.79	71.63	2.44	6.52	0.13	1.48	0.52	0.12
R3	0.35	0.93	12.27	74.35	1.90	7.59	0.18	1.87	0.39	0.17
R4	0.10	1.09	11.56	75.24	1.82	8.24	0.11	1.20	0.52	0.12

从表2-5可以看出,汝官窑青瓷釉的CaO含量较高,属于一种高钙釉,且MgO含量也较高。汝官窑青瓷的烧成温度不高,为1200 ℃±20 ℃,瓷胎呈未完全烧结状态,气孔率为19.3%。汝官窑青瓷釉因CaO、MgO含量高,熔点较低,在1200 ℃的温度下可以形成含钙长石晶体比较多的釉,从而增强乳浊效果和玉质感。

汝窑青釉瓷的显微结构亦可反映其烧成状态。从汝窑青釉瓷的偏光显微镜照片中可以看出,汝官窑青釉瓷的釉中有大量的钙长石存在,它们分布在气孔之间;有少量的石英,主要是细小的晶体团形成的散射源,使釉产生乳浊现象。临汝窑青釉瓷的釉中钙长石含量要少得多,气孔比较大但数量较少,所以其透明度高于汝官窑青瓷釉。两种青釉瓷的胎、釉之间均生成钙长石中间层,这种通过胎、釉反应过程形成中间层的情况与耀州窑青瓷中间层的形成机理是相同的。它普遍存在于北方青瓷之中,以往人们常常把由胎、釉反应形成的白色中间层误认为化妆土层。经研究分析后,人们才得到了正确答案。大多数胎、釉反应层均呈白色,有时因气氛关系而呈现土黄色或深黑色:如在釉层熔融前烧强氧化焰,因其中存在Fe^{3+}离子,胎往往呈黄色;如在此阶段烧强还原焰,常因碳素的沉积而形成黑色的反应层;如果青瓷在弱还原气氛中烧成,则生成白色的反应层。临汝窑和耀州窑以白色的中间层为最多。在反应过程中,随着温度的提高,瓷釉逐渐熔融并渗入胎中。其中一部分碳素扩散到釉中,另一部分碳素与来自胎收缩时排出并积聚在胎釉交界处的氧发生反应,生成 CO_2。同时一部分剩余的氧与部分 Fe^{2+} 与 Ti^{3+} 起反应,生成 Fe^{3+} 和 Ti^{4+}。最后,通过一系列反应形成"白色的致密区——胎釉中间层"。中间层厚度一般为 0.15 mm~0.3 mm。在靠近釉的一边则形成了厚度为 0.02 mm~0.03 mm 的钙长石晶体层,其厚度约为中间层的 1/10,该结晶层的存在对青瓷釉的色调也会产生一定的影响。

北方青釉瓷形成中间层的现象,在南方青釉瓷如龙泉青釉瓷、越窑青釉瓷和景德镇仿名窑青釉瓷中没有那么明显。这与南、北方青瓷在瓷胎成分上的差别,烧成过程中氧化、还原气氛的控制,升温和冷却速度的快慢以及保温时间的长短均有关系。

三、北宋官窑和哥窑青釉瓷

(一)北宋官窑青釉瓷

北宋官窑也被称为旧官,南宋官窑被称为新官。相传北宋大观、政和年间,在汴京附近设立窑场即北宋官窑,专烧宫廷用瓷。由于宋代汴京遗址已沉入地底,至今尚未发掘出北宋官窑遗址,对北宋官窑遗址的考察缺乏考古发掘资料和充足的文献资料的支撑,因此时至今日,关于北宋官窑遗址在何处,仍有不同的说法,一般有三种:一说北宋官窑即为汝窑;二说根据明、清两代谈瓷诸书只载"官窑"而不言"汴京官窑",从而否认北宋官窑的存在;三说北宋官窑即为汴京官窑,它与南宋时的修内司官窑先后存在。第一种说法因两窑传世器物的造型和釉色都有差别而不成立。第二种说法似乎认识问题太简单化,只根据明、清书中缺少"汴京"二字的记载就否定汴京官窑的存在,显得论证不足。第三种说法较符合文献记载,也更容易得到解释。南宋人叶寘真在《坦斋笔衡》中论及南宋修内司官窑时说,修内司官窑"袭故京遗制",意思是南宋官窑继承过去汴京官窑遗留下的制作要求和技术。这表明北方有官窑存在,而且在汴京地区。

那么,北宋朝廷所设的官窑位于何处呢?根据宋人陆游关于北宋朝廷"惟用汝器"的记载,最初认为"朝廷先是在汝州民窑中搭烧宫廷用瓷,随着宫廷用瓷需求量的增加,朝廷终于将这些民窑改为官办窑场,专烧宫廷用瓷,并可能再增设一些窑场,于是形成了北宋官窑"。1996 年,李刚在《宋代官窑探索》一文中指出:"朝廷'命汝州造青窑器'时,承烧御用瓷器的窑为民窑,生产性质属官搭民烧,由汝州地方官监管,后来朝廷'自置窑烧造',这个窑就是北宋官窑,地点在汝州。"从宝丰清凉寺窑址的发掘情况看,天青釉瓷器的年代确有早晚之分,而瓷器质量也存在明显的由粗到精的提高过程,这些都印证了早年对汝窑和北宋官窑所做的判断。

　　北宋官瓷对釉色的追求已经达到了很高的水平,其釉质肥厚,瓷无修饰,主要从釉色之美、纹裂之俏,去追求艺术上至高无上的大境界。常见的有天青、粉青、月下白、炒米黄等釉色,且以粉青为上。明学者高濂在《燕闲清赏笺遵生八笺》中言:"官窑品格,大率与哥窑相同。色取粉青为上,淡白次之,油灰色,色之下也。"1908年开始编纂、兼收百科、重在溯源的《辞源》第二册"官窑"栏也记载:"宋代五大名窑之一,北宋大观间京师置窑烧瓷。胎骨有白、灰、红之分。其土取自汴东阳翟,淘炼极精。釉色有天青、翠青、月下白、大绿。粉青为上,淡白次之。"北宋官瓷在原料选用、色调调配上甚为讲究。尤其在原料选用上,可以说是穷其奢华,不惜代价:添加品质上乘的翡翠、玛瑙等玉粉入釉。这自然成为注重烧制成本的民间窑口和其他窑口不能仿造到位的主要原因。在烧制过程中,按器型的要求,北宋官窑对汝窑的支烧法加以改进,增添了垫、支垫结合的烧法,器物受力更均匀,使得胎骨也更坚挺,从而为釉质更趋淳厚、莹润创造了条件,真正达到了肥若堆脂、抚之如缎似玉、攥之仿佛出油的艺术效果。

图2－15　官窑青釉圆洗

　　官窑青釉圆洗,宋代瓷器,高6.4 cm,口径22.5 cm,足径19 cm。洗敞口,器身近直,洗底平坦,圈足矮宽,底部边沿露胎无釉。造型端庄典雅。通体施青釉,釉呈粉青色,纯净莹澈。釉面上,金丝般的开片纵横交错,片纹间闪现出条条冰裂纹,优美和谐。

北宋官瓷釉面开片,极富节奏感,如水波粼粼,晶莹剔透,得益于其独到的工艺。开片不仅流畅,且小器也可开龟背大片,纹如鳝血。开片本是坯釉结合不好导致釉面开裂的弊病。但北宋官窑瓷工匠却慧眼识珠,利用这一陶瓷缺陷开创了著名的纹片釉,同时利用独特的坯釉配方、施釉方法和烧成技术,创造出金丝铁线、紫口铁足这些不是装饰的装饰。严格地说,这些人们不能完全控制和设计的效果不能称作装饰手法;它是一种材质之美,是一种本质的美。也有学者认为北宋官瓷的鳝血纹为上品,如高濂在《遵生八笺》中就说:"(官瓷)纹取冰裂、鳝血为上,梅花片、墨纹次之,细碎纹,纹之下也。"

图 2 - 16　官窑青釉蒜头瓶

官窑青釉蒜头瓶,宋代瓷器,高 13.2 cm,口径 3.2 cm,足径 5.7 cm。瓶直口,颈部细长,腹部由凹凸的棱线形成蒜头状的形体,圈足。通体施青灰色釉,釉面开片,开片较大且遍布器身。足端露胎,呈黑褐色,俗称"铁足"。(图片源自故宫博物院官网)

北宋官瓷"紫口铁足"的艺术特征,与选用含铁量极高的瓷土制胎有关。与汝瓷含铁量较低的胎质有极大的区别,这种含铁量极高的胎体经高温还原烧制,胎骨颜色黑紫,而器物口沿所施釉微微下垂,内胎微露,便形成了"紫口";而足底无釉之处,因经还原气氛烧成,而呈黑红色,是为"铁足"。这种突破青釉瓷面所形成的独具特色的"紫口铁足",是北宋官窑瓷器最典型的艺术特征之一。

为了对北宋时期能否就地取材制出高质量的官窑青釉瓷进行佐证,研究者用河南当地出产的原料对北宋官窑进行复制,于 1984 年试制成功青釉釉色与传世官窑十分相似的青釉瓷。国内美术界、考古界、博物馆界以及陶瓷界专家们鉴定后认为,无论在造型还是釉色、釉质方面都达到了与官窑瓷形似和神似的程度。经过筛选,有两种青釉配方比较理想:一种为浅粉青色釉;另一种为深粉青色釉。编号分别为 NS-1 和 NS-2。所得两种青釉瓷的胎、釉化学成分如表 2-6 所示。

表 2-6　复制北宋官窑青釉瓷的胎、釉化学组成

编号	部位	氧化物含量(%)											备注
		SiO_2	Al_2O_3	CaO	MgO	K_2O	Na_2O	Fe_2O_3	FeO	TiO_2	P_2O_5	CuO	总量	
NS-1	胎	67.18	25.64	0.79	0.49	2.06	0.24	2.67		1.05	0.03	0.001	99.07	浅灰
	釉	66.81	13.31	10.76	0.56	4.89	1.90	0.91	0.40	0.12	0.08	0.006	99.75	浅粉青
NS-2	胎	67.74	23.88	0.60	0.46	1.92	0.29	3.71		1.19	0.06	0.002	99.85	深灰
	釉	63.19	14.56	12.13	0.71	5.63	2.09	1.26	0.34	0.15	0.11	0.005	100.18	深粉青

因胎中含有较高的 Fe_2O_3 和 TiO_2,铁和钛的复合易使胎呈灰色,复制的北宋官窑青釉瓷胎一般呈浅灰色或深灰色。从化学成分看,胎的各氧化物含量接近汝官窑和南宋官窑的瓷胎。釉则略有差别,其中 CaO 含量略低于汝官窑和南宋官窑青釉瓷,而 K_2O、Na_2O 含量则略高。两种青釉瓷的胎、釉结构十分相似,釉中有细小的、分散的未熔石英颗粒,少量的钙长石细晶以及较多的大小不等的气泡。特别是浅粉青釉中悬浮的小气泡特别多。这对散射起到了一定的作用。从外观看,这两种釉的玉质感很强,与未熔石英等物相、钙长石和小气泡的散射有很大的关系。

(二)哥窑青釉瓷

哥窑名列宋代五大名窑,也是五大名窑中唯一未揭谜底的瓷窑。有学者认为龙泉哥窑就是在龙泉制作的黑胎青釉瓷。这种观点源自陶瓷史上关于"哥窑"和"弟窑"的传说,明人陆深在《春风堂随笔》中写道:"哥窑,浅白断纹,号百圾碎。宋时有章生一、生二兄弟,皆处州人,主龙泉之琉田窑,生二所陶青器,纯粹如美玉,为世所贵,即官窑之类。生一所陶者色淡,故名哥窑。"文中明确了哥窑烧造于龙泉的琉田,琉田今名大窑,为龙泉窑的中心产区。也有人认为龙泉

黑胎青釉瓷不是哥窑瓷,而是仿南宋官窑的制品。

另一种观点根据明万历十九年(公元 1591 年)高濂在《遵生八笺》中的记载——"官窑品格,大率与哥窑相同……二窑烧造种种,未易悉举,例此可见,所谓官者,烧于宋修内司中,为官家造也,窑在杭之凤凰山下……哥窑烧于私家,取土俱在此地。官窑质之隐纹如蟹爪,哥窑质之隐纹如鱼子,但汁料不如官料佳耳",认为哥窑的产地为杭州。

明末和清代论及哥窑的文献越来越多,但文献记载的名称的差别、发掘的实物和文献记载在认识上的不一致,使得对哥窑的认识更加复杂,以致一直存在各种说法。实际上最关键的问题是在各地出土的所谓"传世哥窑"的窑址在何处。如果以此为重点进行一些科学分析,问题也就迎刃而解了。1992 年有学者提出一些新的看法:传世哥窑在河南地区与北宋官窑瓷器一起烧造的可能性最大;南宋官窑亦有可能从河南窑区引进部分原料,一方面满足官窑生产的需要,另一方面兼制一些传世哥窑瓷器。因为从哥窑青瓷所含的成分上看,只有河南的原料才能满足哥窑青瓷相关成分的含量要求。而浙江和景德镇的原料无法满足哥窑青瓷相关成分的含量要求。

图 2-17　哥窑青釉葵花式洗

哥窑青釉葵花式洗,高 3.5 cm,口径 12 cm,足径 8.8 cm。洗呈葵花瓣式,敞口,斜直壁,矮圈足。通体施灰青色釉,釉汁厚润。釉面布满开片,纹片大小相间。大片的纹线呈铁黑色,小片的纹线呈金黄色,俗称"金丝铁线"。内底中心微凸,外底有 6 个支钉烧痕。(图片源自故宫博物院官网)

虽然哥窑窑址众说纷纭,但综合各类文献资料可以总结出哥窑的特征:胎色黑褐,釉层冰裂,釉色多为粉青或灰青。因胎色较黑及高温下器物口沿釉汁流泻而隐显胎色,故有"紫口铁足"之说;釉层开片有粗有细,较细者谓之"百圾碎"。根据文献提供的线索,人们在浙江龙泉的大窑和溪口找到了生产类似器物的窑址。其产品特征为:黑胎开片,釉色以粉青和灰青为主,纹线为单色,用垫饼垫烧。这些特征及烧造年代均与文献所述较为相符。因此,有学者断定宋代五大名窑之一的哥窑,烧造年代为南宋中晚期,产地为浙江龙泉。然而,之后考古人员又发现了一类与哥窑瓷特征相符、与龙泉产的哥窑瓷特征有别的器物。此类器物亦为黑胎开片,紫口铁足,但釉色多为炒米黄,亦有灰青色的;纹线为黑黄相间,俗称"金丝铁线";用支钉支烧,器型亦不同。因此类器物仅故宫博物院、上海博物馆、台北"故宫博物院"等有少量收藏,而不见于墓葬出土,故被称为"传世哥窑",而称龙泉所产为"龙泉哥窑"。

图 2-18　哥窑青釉八方碗

哥窑青釉八方碗,高 4.2 cm,口径 7.8 cm,足径 2.8 cm。碗呈八边形,口微外撇,弧壁,八边形圈足微外撇。通体施青釉,满布开片纹。内壁施釉薄,开片细小而密集,形成一种无规则的蜘蛛网线,即百圾碎。外壁施釉较厚,开片较大,为冰裂纹。口沿因釉垂流变薄隐隐映出紫黑色胎骨,足端无釉呈铁黑色,俗称"紫口铁足"。(图片源自故宫博物院官网)

表 2-7 列出了元大都出土和故宫博物院收藏的传世哥窑青瓷样品及景德镇仿哥窑样品的胎、釉成分分析结果。表 2-8 为龙泉黑胎青瓷胎、釉的化学成

分。原料是决定瓷器胎、釉本质的物质基础,特别是特征成分与胎、釉对比,可以为判断提供依据。

表2-7 元大都出土和故宫所藏传世哥窑及景德镇仿哥窑瓷胎、釉的化学组成

编号	部位	氧化物含量(%)										备注
		SiO_2	Al_2O_3	CaO	MgO	K_2O	Na_2O	Fe_2O_3	TiO_2	P_2O_5	MnO	
YDD-1	胎	63.04	27.03	0.11	0.69	3.33	0.54	3.55	1.33	0.17	0.01	传世哥窑青瓷
	釉	63.54	17.32	8.84	1.36	5.24	1.68	1.04	微量	0.45		
YDD-2	胎	58.23	28.79	0.23	0.44	3.79	0.64	3.53	0.82	0.07		
	釉	61.66	19.23	8.68	1.14	4.75	1.35	1.40		0.62		
YDD-3	胎	58.72	28.95	0.19	0.39	3.74	0.60	3.36	0.73	0.14		
	釉	63.37	18.68	7.37	1.13	4.78	1.35	1.34		0.94		
YDD-4	胎	65.47	24.17	0.38	0.44	3.31	0.63	3.75	1.22	0.13		
	釉	66.18	17.82	6.23	0.92	4.40	0.91	1.83		0.60	0.002	
GG-1	胎	69.96	24.08	0.29	痕量	3.01	1.45	1.21	痕量		痕量	景德镇仿哥窑瓷
	釉	71.22	16.89	3.34	0.75	3.49	3.57	0.64	0.26	痕量		
GG-2	胎	62.61	28.52	0.16	0.53	2.52	0.58	4.16	0.50			
	釉	69.51	16.36	6.28	0.41	3.96	1.96	1.34				
GG-3	胎	72.86	19.34	0.05	0.24	2.73	1.76	2.32	0.48	0.07		
	釉	71.29	14.25	3.80	0.18	5.52	2.96	1.04				

表2-8 龙泉黑胎青瓷胎、釉的化学组成

编号	部位	氧化物含量(%)									备注
		SiO_2	Al_2O_3	CaO	MgO	K_2O	Na_2O	Fe_2O_3	TiO_2	MnO	
LK01	胎	64.12	25.63	0.57	0.44	3.20	0.35	4.61	0.95	0.06	龙泉黑胎青瓷
	釉	63.13	15.26	16.18	0.32	3.39	0.41	0.98	痕量	0.03	
LK02	胎	63.79	25.54	0.76	0.51	4.34	0.36	4.07	0.63	痕量	
	釉	65.67	15.88	12.11	0.85	4.24	0.22	1.03	0.25	0.03	
LK03	胎	63.77	25.40	0.67	0.43	4.15	0.19	4.59	0.92	0.06	
	釉	63.35	14.42	16.66	0.86	3.97	0.28	1.03	0.12	0.11	
LK04	胎	58.81	32.02	0.69	0.35	4.28	0.33	3.53	0.46	0.06	
	釉	66.07	15.81	11.98	0.33	3.97	0.38	1.19	痕量	0.08	
LK05	胎	63.07	26.06	0.70	0.51	4.00	0.25	4.19	0.73	0.04	
	釉	66.08	14.43	13.18	0.86	4.58	0.28	1.01	0.11	0.16	
LK06	胎	64.73	24.77	0.69	0.50	4.19	0.26	4.25	0.55	痕量	
	釉	60.91	15.73	16.83	0.82	4.09	0.26	1.06	0.12	0.10	

从表2-7可见,传世哥窑瓷胎的特征成分为 Al_2O_3、TiO_2 和 Fe_2O_3。其中,Al_2O_3 含量为24.17% ~ 28.95%,TiO_2 含量平均高于1%,CaO 含量平均为

0.2275%,而 K_2O 和 Na_2O 的含量平均分别在 14.17% 和 0.6025%。Al_2O_3 和 TiO_2 含量高为传世哥窑的特征,CaO、K_2O、Na_2O 含量的高低亦可作为传世哥窑瓷釉的特征。把表 2-8 中的龙泉黑胎青釉瓷的胎、釉相应成分与传世哥窑进行比较,可发现它们的胎中 Al_2O_3 的含量为 24.77%~32.02%,与传世哥窑瓷胎十分接近,而 TiO_2 含量则低于传世哥窑瓷胎,平均为 0.71%。龙泉黑胎青釉瓷的釉中 CaO 的含量平均为 14.49%,远高于传世哥窑瓷釉中的平均含量。而 K_2O 含量平均为 4.04%,略低于传世哥窑瓷釉的含量。但 Na_2O 的平均含量为 0.31%,远低于传世哥窑瓷釉中的平均含量。以上胎、釉成分上的差别,说明这两种青釉瓷是不同类型的瓷器,证明传世哥窑并非龙泉所产。

因元大都出土的哥窑瓷片与故宫博物院所提供的传世哥窑瓷片在成分上完全相同,从元大都出土的哥窑瓷片所观察到的显微结构即可代表传世哥窑的结构特征。利用偏光显微镜可以观察到:元大都出土的哥窑瓷片胎中有白云母残骸、大小不同的石英颗粒;小颗粒石英有熔蚀边,大颗粒石英则出现 α-β 石英相变所产生的裂纹。

传世哥窑青瓷的釉属于无光釉,有酥油般的光泽,色调丰富多彩,有米黄、粉青、奶白诸色。哥窑瓷最显著的特征是釉色淳厚、细腻,光泽莹润,如同凝脂;若置之于显微镜下,可见瓷釉中聚沫攒珠,釉面有网状开片,或开片重叠犹如冰裂纹,或成细密的小开片(俗称"百圾碎"或"龟子纹");以"金丝铁线"为典型,即较粗的黑色裂纹交织着细密的红、黄色裂纹。通过显微镜可以观察到传世哥窑瓷釉中含有少量未完全熔解的石英小颗粒,釉层中均匀地分布着数量相当多的钙长石针状晶体,这是形成乳浊的成因。哥窑瓷釉内大量钙长石晶体的形成,使釉层的膨胀系数变大,加上哥窑瓷胎中 Al_2O_3 含量高,其膨胀系数小,两者膨胀系数的差导致形成哥窑瓷的裂纹装饰。

参 考 文 献

1. 李家治. 我国瓷器出现时期的研究[J]. 硅酸盐学报,1978(3):190-198,232-234.

2. 李国桢,叶宏明,程朱海,等. 历代越窑青瓷胎釉的研究[J]. 中国陶瓷,1988,96(1):46-57,66.

3. 李家治. 中国科学技术史:陶瓷卷[M]. 北京:科学出版社,1998.

4. 中国硅酸盐学会. 中国陶瓷史[M]. 北京:文物出版社,1982.

5. 邓泽群,李家治,张志刚,等. 绍兴越窑青釉瓷的科学技术研究[C]. 上海:古陶瓷科学技术国际讨论会论文,1995.

6. 李刚,王惠娟.越瓷论集[J].杭州:浙江人民出版社,1988.

7. 谢纯龙."秘色瓷"诸相关问题探讨[J].东南文化,1993(5):173-178.

8. 朱伯谦,陈克伦,承焕生.上林湖窑晚唐时期秘色瓷生产工艺的初步探讨[J].文博,1995(6):44-48.

9. 陕西省考古研究所.唐代黄堡窑址[J].北京:文物出版社,1992

10. 郭演仪,李国桢.宋代汝、耀州窑青瓷的研究[J].硅酸盐学报,1984,12(2):226.

11. 李国桢,关培英.耀州青瓷的研究[J].硅酸盐学报,1979,7(4):360-368.

12. 汪庆正,范冬青,周丽丽.汝窑的发现[J].上海人民美术出版社,1987.

第三章　龙泉窑与南宋官窑青釉瓷的釉层分析及工艺

第一节　历代龙泉窑青釉瓷

越窑青瓷历时千年,它所建立的烧制工艺和装饰工艺既直接影响了随后发展起来的龙泉窑青釉瓷,也对我国南、北方青釉瓷的生产产生了广泛而深远的影响。继越窑青瓷之后,在我国青瓷发展史上享有盛誉的龙泉窑青釉瓷的烧造则始于南朝,终于清代。

龙泉窑是中国乃至世界陶瓷史上烧制年代最长、窑址分布最广、产品质量要求最高、生产规模和外销范围最大的青瓷名窑之一。龙泉青瓷胎、釉的质量变化以及制作技术的提高和降低随时代的发展变化而有所不同。在北宋以前的初创阶段,胎、釉的质量较差;在南宋至元代的兴盛时期,胎、釉的质量特别好;明代以后,胎、釉的质量下降,胎粗釉薄,釉色和造型均不及前代。

一、北宋及以前的龙泉青釉瓷

五代时期龙泉窑因受越窑的影响,生产的青瓷产品多与越窑的产品相似:胎较粗厚,多为灰色,釉常呈黄色或青黄色。五代时期龙泉窑青瓷质量不高,远不及同时期的越窑、瓯窑和婺州窑的青瓷。

宋初,龙泉窑青瓷在胎、釉质量上均较以前有所提高。由于受婺州窑瓷业和生产技术的影响,龙泉窑青瓷的胎质变得较细腻,呈淡灰色,胎薄者声音清脆。釉色变青,多呈淡青色,有时呈灰青或粉青色,釉层透明,表面光亮。

北宋中晚期龙泉窑场显著增多,大部分窑址在大窑、金村和丽水等地区,所烧制的青釉瓷与宋初期有明显的区别:胎呈淡灰色或灰色,细而光洁;釉色一般青中带黄;釉层较薄,有裂纹。经过对胎、釉进行化学分析,了解到北宋瓷胎的特点是含铝量普遍较低,釉的特征为含钙量较高,为灰釉。从几种考古发掘样品的化学分析结果看,胎的成分接近瓷石,釉则主要由瓷石和适量的草木灰配制而成。几种北宋龙泉青釉瓷样品的分析结果列于表 3-1 中。

图 3-1 龙泉窑青釉鬲式三足炉

龙泉窑青釉鬲式三足炉，宋代瓷器，高 12.4 cm，口径 14.5 cm，足距 9.2 cm。炉平折沿，束颈，扁圆腹，下承以三足。肩部饰凸起弦纹一道，腹部与三足对应处饰三条凸起的直线纹。通体施青绿色釉，三足底端无釉，呈酱黄色。（图片源自故宫博物院官网）

表 3-1 北宋龙泉青釉瓷胎、釉的化学组成

| 编号 | 部位 | 氧化物含量（%） | | | | | | | | | | 色质 | |
		SiO_2	Al_2O_3	Fe_2O_3	TiO_2	CaO	MgO	K_2O	Na_2O	MnO	P_2O_5	总量	胎	釉
FDL-2	胎	76.47	17.51	1.28	0.42	0.60	0.34	3.08	0.27	0.02		100.00	灰白，微生烧	黄绿，厚 0.2 mm～0.5 mm
	釉	59.37	15.96	1.80	0.39	16.04	2.04	3.43	0.32	0.62		99.97		
01	胎	77.22	16.67	2.10	0.15	0.14	0.29	3.00	0.17	0.04		99.78	灰，质细	灰青，厚 0.2 mm
	釉	68.23	13.01	2.38	<0.01	9.01	1.56	2.96	0.13	0.47	0.87	99.67		
02	胎	75.21	16.31	2.35	0.49	0.12	0.30	2.98	0.11	0.43		98.55	灰，质细	灰青，厚 0.1 mm
	釉	65.60	16.02	1.99	<0.01	10.62	2.70	2.36	0.16	0.40	1.13	101.02		
03	胎	75.47	18.05	2.35	0.48	0.06	0.29	2.82	0.08	0.02		100.04	黄灰，质细	灰青带黄，厚 0.1 mm
	釉	64.67	14.24	1.68	0.24	12.91	1.87	2.47	0.20	0.43	0.94	99.83		
04	胎	79.98	13.59	1.50	0.55	0.18	0.26	3.85	0.20	0.04	<0.01	100.26	浅灰黄，质细	褐黄，厚 0.1 mm～0.3 mm
	釉	60.97	13.00	1.32	0.07	18.12	1.69	3.25	0.26	0.47	0.82	100.06		

续表 3−1

编号	部位	氧化物含量(%)										胎釉色质	
		SiO_2	Al_2O_3	Fe_2O_3	TiO_2	CaO	MgO	K_2O	Na_2O	MnO	P_2O_5	总量	胎	釉
05	胎	80.95	13.49	1.59	0.05	0.25	0.31	3.55	0.21	0.06		100.46	浅灰白,质细	粉青,厚 0.1 mm ~ 0.3 mm
	釉	62.73	13.80	1.79	<0.01	15.73	1.44	2.98	0.30	0.42	1.12	100.33		
06	胎	78.77	14.39	2.20	0.12	0.15	0.39	3.09	0.12	0.04		99.27	灰,质细	青色,厚 0.1 mm ~ 0.3 mm
	釉	61.05	12.72	1.58	<0.01	16.53	1.99	2.17	2.54	0.40	1.70	100.70		

（注:摘自李家治《中国科学技术史·陶瓷卷》。）

从以上数据来看,龙泉青釉瓷胎中 TiO_2 和 Al_2O_3 的含量十分接近大窑附近所产原矿瓷石的含量,好像没有经过淘洗处理,但胎质断面又比较细腻。可以推测,原矿瓷石在处理加工时会舂细一些,再掺一小部分紫金土以增加其塑形性,有利于成形。从胎中的 Fe_2O_3 和 K_2O 的含量普遍高于瓷石中的含量亦可看出,北宋时期青釉瓷胎的配制主要使用经过粉碎加工的瓷石,再加入少量的紫金土,瓷石粉料不经淘洗。釉的分析结果表明,北宋龙泉青釉瓷的 CaO 含量高,同时 MgO、K_2O、Fe_2O_3 和 P_2O_5 含量较高。这种组成的特征需以瓷石和草木灰和少量的紫金土适当组合才能获得。青釉瓷釉中 CaO 含量的范围大致在9%和18%之间,表明北宋时期青釉瓷的釉属于灰釉。

二、南宋时期的龙泉青釉瓷

北宋的覆亡直接导致开封官窑停烧,同时由于北方为金人所占,当时汝窑、定窑等名窑受战乱影响,已不能继续生产。伴随着南宋皇室迁入杭州,统治阶级仍然需要大批量的生活和享受器具。那么如何弥补官窑停产带来的供需矛盾呢?这一矛盾为南方制瓷业提供了前所未有的发展机遇。同时外贸出口的发展也是一个刺激因素,使得龙泉窑在南宋时期迅速发展,技术和质量都有很大的提高,产量也大大增加,龙泉窑成为南方烧造青瓷的主要产区。

对比南宋青釉瓷胎与北宋青釉瓷胎的化学成分,可以发现,南宋青釉瓷胎中 SiO_2 的含量普遍低于北宋青釉瓷胎,而 Al_2O_3 的含量则高于北宋青釉瓷胎。这表明南宋青釉瓷胎使用经过淘洗的瓷石制作而成。Al_2O_3 含量的提高可以减少瓷器变形,同时使得大件瓷器的制作得以实现,同时也能增强瓷胎的强度。由此可见,南宋时龙泉窑为了提高青釉瓷胎的质量,在原料处理方面做了较大的技术改进。考古发掘中发现的南宋时期青瓷生产地的淘洗池、沉淀池和瓷石渣堆积层也能证实这一点。淘洗工艺的实施,不但提高了泥料的操作性能,增加了可塑性和生坯强度,而且改善了瓷胎的细致程度和质量,这是龙泉制瓷技术在南宋时的一大进步。

黑胎青釉瓷是龙泉青瓷的一个特殊品种。据考古分析,南宋黑胎青瓷是龙泉仿官窑产品或南宋龙泉官窑产品,非传世哥窑产品,即传世哥窑瓷非宋代龙泉窑烧造。

冯先铭先生在《中国陶瓷史》中指出"黑胎青瓷不是哥窑,是仿官窑的作品,哥窑弟窑的命名本身就值得怀疑,从文献材料看,是后人根据前人传闻演绎出来的"。对此,冯先生列举了以下几点理由:一是明代晚期以来,文献记载纯属传闻演绎而来,从史料学的层面而言,其作为证据存在明显不足;二是文献中关于哥窑瓷器的特征的描述与实际的黑胎青瓷的特征无法进行匹配,所谓的黑胎青瓷应不是哥窑所产;三是黑胎青瓷应该是南宋龙泉官窑产品,或者说部分是由龙泉窑仿造生产的。陶瓷科学技术专家通过对龙泉黑胎青瓷与南宋官窑青瓷的分析研究也提出了一些看法。周仁等人分析了宋代龙泉黑胎青瓷,认为"黑胎龙泉窑,有人认为是仿官窑的制品,它的胎骨成分很接近北窑,而与一般龙泉窑差别较大。可见仿官窑的说法是有所根据的"。另有一些学者认为,"从胎、釉的特征成分比较可见南宋官窑与传世哥窑之间的差异比它与龙泉哥窑(指龙泉黑胎青瓷)之间的差异大,与龙泉哥窑瓷器间的差异仅表现在胎中含钛量间的差别,釉中两成分基本相近,这表明龙泉哥窑在本质上说它是仿官窑瓷比说它是仿传世哥窑瓷更妥当些"。表 3-2 列出了南宋官窑青瓷和龙泉黑胎青瓷的胎、釉特征成分含量。

表 3-2　南宋官窑青瓷和龙泉黑胎青瓷胎、釉特征成分

名称	胎		釉			备注
	Al_2O_3(%)	TiO_2(%)	CaO(%)	K_2O(%)	Na_2O(%)	
龙泉黑胎青瓷	25~30	0.71	14.49	4.04	0.31	TiO_2、CaO、K_2O、
南宋官窑青瓷	22~29	1.22	15.29	3.53	0.43	Na_2O 均为平均值

从表中所列成分数据可见,龙泉黑胎青瓷与南宋官窑青瓷除胎中的 TiO_2 含量有较大差异外,其他成分含量十分相近。龙泉黑胎青瓷胎与南宋官窑青瓷胎所含元素 Ce(铈)和 Gd(钆)的分布特征研究表明"两者都位于富 Ce 区域,不过龙泉黑胎青瓷胎的 Gd 含量要较南宋官窑黑胎青瓷瓷胎为高",这表明两地制胎所用原料不同。南宋时,朝廷在杭州设官窑烧造宫廷用瓷,生产规模不大,不能

满足需要。为保证满足皇室、官僚的需要,在龙泉烧造官窑型瓷器是很有可能的。结合二者外观相似、成分相近,可以断定龙泉黑胎青瓷是南宋时期为仿制官窑青瓷而烧制的产品。尽管所用原料不同,但仿制的龙泉黑胎青瓷能够达到外观和内在都像的程度,说明龙泉窑当时在技术上受南宋官窑的影响很大。因此龙泉黑胎青瓷称"龙泉官窑"更确切些,而非传闻中的哥窑产品。

图3-2　大窑龙泉窑遗址

瓷土是龙泉窑所在地区的主要制瓷原料。这一地区的瓷土的突出特点是铁含量极低,一般在1%以下,极少量能够达到2%。要达到龙泉青瓷所追求的釉色呈现效果,只选用本地瓷土原料做配方很难实现。对南宋时期龙泉青瓷的瓷胎成分进行检测,发现龙泉黑胎青瓷和南宋官窑青瓷的胎色呈黑色,主要是因为胎中掺了一定量的紫金土,也就是说采用了瓷土与紫金土的"二元配方结构";而白胎制品可能只用一种瓷土制成。紫金土是一种含铁的黏土,不同矿原所含铁、钛的量相差很大。因此不同瓷窑的青瓷产品的胎中掺用量也不同。在瓷胎中加入紫金土的功效,一是增加瓷胎的灰黑色调,从而有助于调整釉色,二是形成所谓的"紫口铁足"器。"紫口铁足"是指瓷器器口的釉层较薄,而器底未被釉层完全遮盖。其主要原理是瓷器烧成之后发生二次氧化反应。从另一角度看,南宋时期龙泉青瓷在瓷胎中加入紫金土的目的之一是降低瓷胎的白度,以期达到白中略带灰色的效果,以使釉色更显优雅。

青瓷的长期发展使人们对青瓷釉色的追求不断增强。突出"青",可以达到类玉似冰的艺术效果。龙泉窑选择的方法是:一方面增加原料中铁的成分;另一方面增加釉的厚度。南宋官窑青瓷胎的 Fe_2O_3 含量在2.5%和4.1%之间,而

龙泉黑胎青瓷的 Fe_2O_3 含量为 3.53%~4.61%。使用紫金土既提高了瓷胎的强度,又增加了瓷胎的黑度,使瓷胎呈现灰黑色,对青釉的衬托更加协调,也增加了深沉感。掺用 Al_2O_3 含量高的紫金土则更有利于薄胎器皿的成型和烧制。龙泉黑胎青瓷和南宋官窑青瓷一样,许多产品常常制成薄胎厚釉,有时瓷胎烧成后的厚度比釉还薄,为 1 mm 左右。通过显微镜观察窑址留下的青釉瓷素烧半成品和成品的釉层,可清楚地看到釉层分层明显,一般为 3~4 层。这表明当时已使用了多次素烧和多次施釉的技术。具体工序可简单地表示为:坯件素烧→上第一次釉→二次素烧→上第二次釉→三次素烧→上第三次釉→最后入窑正烧。釉层越厚,素烧和上釉的次数越多。此外,龙泉窑场为了进行技术创新,弃用了石灰釉,改用石灰碱釉。石灰釉的特点是高温时黏度较低,釉面具有较好的光泽度。石灰碱釉在高温时的黏度较大。烧成后,釉层中会有大量未烧熔的石英小颗粒、小黏土团粒及大量的小气泡,当光线进入这样的釉层后,会产生强烈的散射。这样就使得青瓷釉面不透明,从而使釉面柔和典雅、滋润晶莹,呈现出类玉似冰的效果。

多次素烧和多次施釉的方法尽管增加了工序,但能使釉层均匀地增厚,从而有效地保证产品质量。如果一次施釉就使釉厚 1 mm 左右,则容易造成釉层在干燥时开裂和脱落或烧成时产生缺陷。同时从釉的化学成分上看,釉的 K_2O 含量高。高温下的钙碱釉,其黏度比钙釉大,不致使釉过分流动,而能保持较厚的厚度,以增加釉的玉质感。由于当时的人们追求玉质感的效果,因此龙泉窑的白胎青瓷和黑胎青瓷一样,也增加釉的厚度,厚者有时达 1.5 mm。从龙泉青釉瓷在南宋时期采用厚釉工艺,也可以看出南宋官窑施釉技术对龙泉窑技术革新的影响。

龙泉青瓷在南宋时期主要以釉色取胜,其釉色种类有很多。釉色主要取决于釉中的 Fe_2O_3 含量、烧成温度和气氛。釉色有灰黄、蜜蜡黄、灰青、虾青、豆青、粉青、梅子青等,粉青、梅子青釉质量最高。梅子青釉色青翠透澈,烧成时被还原的程度高;烧成温度比其他颜色的青釉略高;釉中大部分气泡扩散并逸出釉外,釉质呈现明亮感。这种釉对窑炉内还原气氛的要求极为严苛,导致很多情况下相同配方的瓷器在同一窑炉内烧成的釉色也不尽一致。另外釉的 K_2O 和 Na_2O 的含量对釉色也有影响,一般看来,梅子青釉的 K_2O 含量都很高,而 Na_2O 含量偏低。要达到此目的,就需要减少釉灰的用量和使用 K_2O 含量高的植物灰,即使用高 K_2O 含量的植物所煅烧成的釉灰配釉。正是因为用钾代替了钠,龙泉青釉的成分由釉中钙含量高达 13% ~ 16% 的石灰釉变成了 K_2O 和 Na_2O 含量高达 4.8% ~ 6.2% 的石灰碱釉;青瓷的外观也从光泽强烈变成了光泽柔和、不刺眼。正是南宋时代这一创造性的进步,使得青釉厚而不流,气泡不会太大,从而使青釉瓷莹润如玉。

三、元、明时期的龙泉青釉瓷

元代时龙泉是外销瓷的重要产地之一,朝廷先后在各地设立市舶司。海外市场的开拓及贸易的繁盛,使产品供不应求,龙泉窑产区不断扩大,产量大增。大部分窑址分布在瓯江上下游和松溪上下游的两岸。水路运输条件的改善,使得龙泉瓷大量外销至亚、非、欧各地。然而,元代龙泉青瓷质量却有所下降,产品远不及南宋后期精美,加上此时全国制瓷中心已开始移向江西景德镇,白瓷开始占据主导地位,在海内外深受欢迎。在这样的情况下,青瓷的生产只追求产量,质量显著下降。至明代,龙泉瓷窑逐渐减少,瓷业逐渐衰退,以致到清代完全停烧,结束了辉煌的历史。

元、明时期的龙泉窑青釉瓷胎体厚重,胎呈灰白色或灰色,釉层较薄。少数釉厚者,釉色深,缺乏玉质感。釉色多数呈青绿或豆青色。大多沿用南宋时代流传下来的青瓷工艺;也有少数创新,如大型制品的制作、堆贴花和刻划花的盛行。但总的趋势是,元、明时期的龙泉青瓷已走下坡路。

图3-3　龙泉窑青釉划花执壶

龙泉窑青釉划花执壶,元代瓷器,高 32.7 cm,口径 8.7 cm,足径 11.5 cm。壶盘口,细颈,圆腹下垂,流细长。流与壶颈之间连一曲形扳,曲柄,圈足。通体施青釉,釉下刻划的庭院、蕉石等花纹,若隐若现。壶体高大厚重,造型端庄、沉稳。(图片源自故宫博物院官网)

图 3-4　龙泉窑青釉刻花石榴式尊

龙泉窑青釉刻花石榴式尊,明代瓷器,高 36.4 cm,口径 18.4 cm,足径 15.5 cm。尊口沿刻菱形纹,沿面刻卷枝纹,外环凸起乳钉纹。颈中部凸起,上半部刻缠枝花卉纹,下半部刻缠枝如意云头纹。肩上刻钱纹。腹部刻缠枝菊纹,辅以叶纹,空间饰篦划纹。近足处刻菊瓣纹。里外及圈足内均施青釉。圈足宽厚。(图片源自故宫博物院官网)

表 3-3 列出了元、明时期的青釉瓷瓷片的化学成分。数据表明,元、明时期制作青瓷胎用的胎泥原料与南宋时期的一样,采用瓷土与紫金土的"二元配方结构",即以淘洗后除去 20%~30% 渣滓的瓷石为泥料的主要原料,配以少量的紫金土。这样可以提高 Al_2O_3 含量,有利于大型产品的烧制并减少变形。从瓷胎的 Fe_2O_3 含量和颜色看,元、明时期制胎掺入的紫金土的用量比南宋时期的少。元、明时期青瓷釉中的 CaO 含量与宋代青瓷釉接近,部分产品的 CaO 含量低到 6% 左右;而 K_2O 含量却高于宋代青瓷釉,高者达 6.48%。它和南宋青釉瓷一样都属于钙碱釉。元、明时期的釉大部分釉层较薄,多数施一次釉。但也

表3-3　元、明时期龙泉青釉瓷胎、釉的化学组成

编号	部位	氧化物含量（%）											色质	
		SiO_2	Al_2O_3	Fe_2O_3	TiO_2	CaO	MgO	K_2O	Na_2O	MnO	P_2O_5	总量	胎	釉
YL-1（元）	胎	70.77	20.13	1.63	0.16	0.17	0.74	5.50	0.82	0.07		100.00	白中略带灰，生烧	粉青带黄绿，厚0.5mm~0.8mm
	釉	67.41	16.74	1.51	0.18	6.53	0.63	5.49	1.16	0.45		100.40		
ML-1（明）	胎	70.18	20.47	1.71	0.19	0.16	0.29	6.02	0.97	0.10		100.00	灰黄，微生烧	黄中带棕，厚0.5mm~0.8mm
	釉	67.57	15.00	1.44	痕量	6.28	1.92	6.48	1.14	0.14		99.77		
014（元）	胎	73.36	18.88	1.57	0.12	0.08	0.17	5.96	0.44	0.09		99.67	灰白质粗	黄绿带裂纹，厚0.2mm~0.3mm
	釉	67.85	13.50	1.45	0.01	10.92	1.04	3.42	0.33	0.35	0.30	99.30		
016（元）	胎	70.90	20.48	1.50	<0.01	0.06	0.13	6.30	0.51	0.11		100.00	白色质细	粉青气泡多，厚0.3mm~0.8mm
	釉	65.63	13.63	1.12	<0.01	12.56	1.44	3.84	0.53	0.28	0.68	99.91		
017（元）	胎	70.36	20.14	1.64	0.15	0.07	0.10	7.07	0.35	0.10	0.26	100.23	灰白质细，有气孔	青黄泛绿，厚0.5mm~1mm
	釉	64.14	13.96	1.66	<0.01	13.01	1.60	3.80	0.25	0.49	1.05	100.01		
029（元）	胎	72.69	20.05	1.98	0.01	0.04	0.20	4.91	0.09	0.05		100.02	浅灰质细，有气孔	灰绿有细纹，厚0.1mm~0.3mm
	釉	64.41	14.63	1.95	<0.01	12.29	1.65	3.47	0.36	0.66	0.74	100.41		
018（明）	胎	73.08	18.90	1.63	0.01	0.10	0.16	5.66	0.20	0.07		99.81	白色质密，有孔	淡豆青，流釉厚0.1mm~1mm
	釉	68.47	14.11	1.51	<0.01	9.07	1.41	3.83	0.31	0.45	1.38	100.59		
020（明）	胎	71.38	19.78	1.65	0.31	0.08	0.13	5.08	0.20	0.07	1.52	100.27	黄灰质细，有孔	黄灰色，流釉厚0.1mm~2mm
	釉	68.63	16.32	1.61	0.28	7.78	1.09	4.13	0.18	0.35	0.34	100.86		
022（明）	胎	68.56	21.57	1.98	0.01	0.06	0.22	6.67	0.14	0.11		99.32	灰色质粗，有孔	暗青绿，流釉厚0.5mm~1mm
	釉	62.95	14.29	1.63	<0.01	13.07	1.72	4.31	0.17	0.63	0.82	99.91		
024（明）	胎	72.91	19.98	3.05	0.12	0.09	0.35	2.14	0.66	0.01		99.31	砖红色，质疏松	浅黄，透明透出胎的红色
	釉	64.14	13.43	1.92	<0.01	12.05	2.01	3.87	0.22	0.77	0.85	99.27		
015（元）	胎	68.16	21.61	2.13	0.28	0.10	0.28	6.45	0.10	0.14		99.25	II.1.36	素烧，釉为三层，有柴木灰
	釉	65.02	16.19	1.43	0.22	9.73	1.44	4.32	0.16	0.66	0.60	99.77		
023（明）	胎	73.38	16.96	2.03	0.18	0.71	0.43	5.68	0.28	0.11	0.16	100.57	II.3.56	素烧，釉为四层，有草木灰
	釉	65.24	13.54	1.91	0.24	7.38	2.19	4.50	0.23	0.74	0.62	100.13		

有一部分仍然施三四层釉,致使釉层在高温过烧的情况下流釉,在瓷器的下部堆积成1 mm厚的釉层。元、明时期配釉时使用含有CaO的草木灰炼制的釉灰,而不使用石灰,这点可以从釉中磷和锰的含量估算出来。

第二节　龙泉青瓷釉料加工技艺

龙泉地区盛产瓷石、原生硬质黏土、紫金土和石灰石。龙泉群变质岩的主要岩性为片岩、变质砂岩、片麻岩以及变粒岩类,以副变质岩为主。前人通过野外地质露头和划分沉积类型来判断矿石矿土环境,利用独特的主微量元素形成龙泉窑特有的品质。龙泉得天独厚的自然条件对瓷业生产十分有利,故窑场分布于整个龙泉地区,仅龙泉境内历代窑址就有500多处。古代龙泉窑青瓷釉,其化学组成以硅粉和碳化硅为主,以铁元素为还原剂,采用自还原的方法配制出呈色可控的青瓷釉。南宋以后,龙泉青瓷釉转变为石灰碱釉,以瓷土、紫金土等为主要配制原料。

一、龙泉青瓷釉料的选择与加工

(一)选用上层风化透彻的瓷矿土料

龙泉瓷石的形成经历源岩的风化剥蚀、碎屑颗粒的搬运、沉积物的卸载和后期成岩等阶段,其间元素的转化、形成等一系列地质事件都赋存于矿物中,那些一定含量、比值的微量元素很好地体现了龙泉窑的环境特征。一般瓷石矿床分为蚀变与风化两种类型,上层瓷石的 Al_2O_3 含量高,可塑性好,制作的瓷胎洁白细腻,产品优异。中下层瓷石 Al_2O_3 含量低,瓷胎易变形,产品质量有所下降。龙泉窑能够成功烧制出质地纯正、釉色清莹的青瓷精品,在世上一举成名,与龙泉独特的矿石釉料和精细的辨识筛选技艺密切相关。

(二)釉料加工

釉料的加工:一般先把洗过的釉石放进水碓舂碎,再把舂细的釉石粉末从碓臼中铲出,用竹箕运送至淘洗池中进行淘洗、化浆。具体步骤如下:

①敲碎。釉石被开采出来后,要用锤子敲成3 cm~5 cm左右的小块。②清洗。先用畲箕盛装釉石,再将畲箕浸入水碓旁的小河里上下抖动,以使釉石上的泥土、灰尘及其他杂质被水流冲走。③舂细。用水碓舂碎捣细。④舀入排砂沟。将充分搅拌的釉石泥浆舀入排砂沟,让其流入沉淀池。⑤沉淀。通过沉淀

让粗颗粒沉淀至池底,实现固液分离。⑥舀入稠化浓缩池。将沉淀池中的釉石浆舀入稠化浓缩池,釉石浆中的粗粒在沉淀池中沉淀下来,然后被清除。⑦踩泥。稠化浓缩池的釉石泥浆水分蒸发到一定程度时,工人打赤脚入池踩泥,一般要踩三遍。

(三)釉灰的制作

制作工序:开采石灰石→煅烧成生石灰(CaO)→加水消解为熟石灰[Ca(OH)₂]→与茅草叠加煨烧→熟石灰与燃烧的茅草结合转变为$CaCO_3$。

开采石灰石、去杂质、煅烧、加水消解、以茅草叠加煨烧、烧成$CaCO_3$釉灰,看似简单的六步制作法,每一步都需要谨慎操作。露天开采后,先挑选出黝黑的石灰石块,将其锤碎后倒入立式石灰窑内煅烧成生石灰,这只是制备釉灰的半成品。将生石灰堆放在炼灰场上。生石灰可通过吸收空气中的湿气而自然消解、粉化,时间大致需要 2 至 3 个月;也可以通过人工洒水进行消解。熟石灰叠加茅草煨烧的具体做法是:在炼灰场上铺一层茅草,再将熟石灰过筛(留出一定的火路空挡)撒于草堆上,让熟石灰填充于茅草的缝隙中。当熟石灰层厚度达到 8 cm ~15 cm 时,再铺第二层茅草。一层茅草一层熟石灰,如此循环,最后堆叠成高 1 m 左右、长宽为 3 m 的长方体火床。茅草和薄薄的熟石灰层层叠加,亲密接触,全面融合。在烧的过程中,碱与钙加速进行化学反应,使熟石灰能够顺利地完成碳酸盐化。一般要堆三个火床,再在底层四周点火,经过约 6小时煨烧后,即可把开煨烧堆,翻动拌匀。待余火基本熄灭后,再按照前面的方法将第一次煨烧后的灰料分成两个火床煨烧。第二次煨烧时,灰料不需要过筛,用铲子直接铲到茅草上即可。第三次煨烧时不用茅草,只要把处于高热状态的灰料铲成一堆。此时,未烧尽的狼萁草会继续燃烧,直至熄灭。如此连续煨烧三次,大约需要两昼夜,再陈放均化数日,即可得龙泉窑釉的釉灰,最后两步最为复杂。

(四)釉料的配制

①去杂保纯:将釉灰倒入容器,加水淘洗,将灰料浆过筛,去除梗屑等杂质。②头灰与二灰:对过筛后的釉灰浆料进行脱水后即可得到头灰。一般头灰容易稠化、凝滞,要与釉料配制沉淀后使用,"以成方加减"法进行配制。缸底未水化成浆的釉灰粗渣,需再加尿液润湿,置于缸中加盖陈腐 1~3 个月,然后再舂细、淘洗、过筛、脱水。一般数量较大,所以常用水碓舂细。由此获得二灰。③调釉

浆:把淘洗、过筛的釉果浆和釉灰浆调成相同的稠度,再用铁盆或碗计量釉浆,根据产品的需要,按一定的比例配制。如唐英在《陶冶图说》中所说,"泥十盆、灰一盆为上釉"。"用釉八盆入灰一盆"的配制方案较为理想。龙泉窑瓷釉常常发生窑变,如果窑变理想,会使作品价值连城,但在古代确实是可遇不可求。

二、龙泉青瓷粉青釉及其釉浆的研制和烧成

粉青釉是中国瓷釉精品的代表,南宋时期发明于龙泉窑。龙泉的灵山秀水、独特的地理地质环境和南宋时代的制瓷精英集中于龙泉,让龙泉青瓷登上单色釉的顶峰,培育出青瓷粉青釉这朵奇葩。南宋龙泉人在青釉浆中加入草木灰碱水,在制釉过程中也加入草木材料,形成石灰碱釉;同时加入含铁量较高的紫金土,发明了陶瓷史上著名的二元配方,在中国陶艺发展史上形成了粉青釉、梅子青釉、官窑瓷釉和哥窑瓷釉四大种类。龙泉青瓷粉青釉自南宋以来一直盛烧不已,广受人们的喜爱。古代龙泉窑粉青釉,以现代色谱表对照,釉色更接近淡蓝色,蓝中含青;釉色中掺有不同程度的灰色;釉色古雅、沉稳、釉面均匀、滋润,釉质坚致、细腻。

图3-5 龙泉窑青釉盘口瓶

龙泉窑青釉盘口瓶,宋代瓷器,高17.0 cm,口径6.7 cm,足径7.6 cm。瓶盘口,细长颈,溜肩,圆腹,圈足。瓶内外及足内满施青釉,底边无釉,凸棱处釉薄,映出白

色胎骨。此瓶既无精美繁复的雕饰,也无艳彩浓抹的图案,唯以造型之秀美,釉色之纯净、俏丽,风格之敦厚,显示出迷人的艺术魅力。其釉为粉青釉,其色泽和质地之美,代表了我国历史上青釉烧制的最高水平。(图片源自故宫博物院官网)

当代粉青釉与古釉接近,呈现粉青色,与鸭蛋青接近,但更为粉嫩;颜色比鸭蛋青淡;粉青偏亮,鸭蛋青偏暗。作为俗称,二者很难分清。粉青釉中的"粉",并不是指颜色,而是一种感觉——不浓不淡、两相宜的感觉。"粉青"就是粉粉嫩嫩的青,是相对于青色的较淡的色调。粉青釉色调淡雅,釉面光泽柔和,莹澈滋润,油而不腻。釉质乳浊浑厚,呈失透状,如脂粉般细腻,云雾般朦胧。瓷质如美玉般素净淡雅、澄澈无瑕,契合我国"温润如玉"的审美观。

(一)配釉与制釉工艺技术

从矿物成分上研究,粉青釉以铁为呈色剂,含有少量的锰、钛。龙泉人一般以本地的西源土、黄坛土为主要原料,配以石英、方解石、滑石、氧化铬等原料来制备釉浆。笔者选用宝溪乡溪头村东山恩釉土、大窑紫金土、龙泉石灰石、富岭糠灰作为主要制釉原料。实验结果表明:宝溪东山恩釉土 51%,富岭糠灰 10%,龙泉塔石石灰石 17%,这样的配比较为合适。在此基础上做成二次配方,即添加 21% 的紫金土。将釉料配制好之后拌匀,并打制成粉青釉釉浆。一般龙泉人会在配制好的釉料中添加紫金土。龙泉的紫金土含有常见的长石、石英,此外含铁量特别高,是青釉发色的好料。紫金土中含有较高含量的 Al_2O_3、Fe_2O_3,还含有锂、镓、铯等稀有元素和碱性物质。在自制的粉青釉釉料中掺入这些具有独特元素的紫金土,就能烧制出晶莹如玉的上等粉青瓷。为了能够施厚釉,让釉不轻易流下来,往往沿用南宋人的做法:加草木料炼制石灰,以石灰水和灰碱水浸泡釉料,研磨过筛,釉浆细度合格后还要除铁、过 120 目筛,并在此基础上进行陈腐。急于使用时,即使在夏天用釉缸陈腐,也必须陈腐 36 小时以上。一般陈腐 3 ~ 5 周,寒冷的冬天时间会更长一些。陈腐期间,会有大量的有机物浮到釉浆表面,这时应将有机物清除。只要保证陈腐好的釉浆不出现气泡、有机物难以排出这类问题,在喷釉、淋釉过程中一般不会出现凹釉和针孔等缺陷。

1. 粉青釉配制流程

寻找材料→煅烧→粉碎制料→称重配料→淘洗→过筛→湿法球磨→沉淀→釉浆过滤→素烧坯施釉→干燥→二次素烧→二次施釉→干燥→烧成。

2. 具体工艺参数

①原料在球磨机中湿法研磨 22 小时,料:球:水 = 1:2:0.8,加 0.5% 的三聚磷酸钠,过 250 目筛,筛余小于 0.1%。

②釉浆浓度:60 ~ 75 波美度。

③釉浆经磁选除铁(含铁量在 0.1%)、陈腐处理。磁选机的强度为 20000 Gs。

3. 施釉与烧成工艺技术

①烧制前,在生坯上刷石灰碱釉,或在素烧坯上施粉青釉。龙泉人一般采取在素烧坯上施釉的方式,因其吸附力更强,施釉更均匀,更容易把控。素烧温度控制在 820 ℃之下,素烧时间为 6 ~ 7 小时。

②采用喷釉或浸釉等方式,釉层厚度控制在 1 mm 和 1.5 mm 之间。

③干燥过程中,施釉试样可在 60 ℃ ~ 80 ℃ 的烘箱中干燥 60 分钟。

④烧成:置于窑中分阶段烧制,分阶段升温控制在每 10 分钟升温 15 ℃ 到 25 ℃。

低温阶段:窑炉内由常温升至 290 ℃ ~ 310 ℃,保温烧制 2 ~ 3 小时。

分解氧化阶段:窑炉内升温至 850 ℃ ~ 880 ℃,保温烧制 3 ~ 5 小时。

高温烧成的还原阶段:窑炉内继续升温至 1200 ℃ ~ 1300 ℃,保温烧制 2 ~ 3 小时,以高温还原焰还原烧成。笔者一般利用 1260 ℃ 左右的还原气氛烧成,保温 30 ~ 40 分钟后快速冷却至 1150 ℃,之后自然冷却。

自然冷却阶段:窑炉内温度冷却至室温,冷却 15 ~ 18 小时后出窑。

三、龙泉青釉瓷的玉质感和梅子青的成因

就胎质而言,龙泉青釉瓷可分为低铝质和高铝质。但影响其外观效果的并非铝和其他非着色元素含量的高低,而是取决于铁、钛等着色元素含量的高低。因此,按着色效果大致可将龙泉青瓷胎分为两大类,即白胎和黑胎。其中:白胎包括一些浅灰色调的瓷胎;黑胎则包括一些深灰色调的瓷胎。色调及其深浅对釉起衬托作用,对釉的质感也有一定的影响。

当然青釉瓷的质感主要还是取决于釉的本质和状态。因此从釉的外观效果可大致将龙泉青釉瓷分为两类:一类是透明釉;另一类是玉质感釉。其中以玉质感的品种为上乘。一般而论,北宋时期的青釉瓷为透明釉;南宋时期的白胎青釉瓷和黑胎青釉瓷均是玉质感釉;元、明时期的青釉瓷大部分为透明釉。

统观历代龙泉青釉瓷,它们的 CaO、Al_2O_3 和 K_2O 的比例和范围有一些差别,因此它们的正烧温度范围也不一样;黏度随温度的变化也有差异。当处于欠烧(生烧)状态时,釉中存有未熔化的石英颗粒与分散的硅灰石晶核和钙长石晶体,釉几乎不透明。当处于过烧状态时,釉几乎全部玻化,清澈透明,釉中很少有残余的石英颗粒和第二相晶体,只有稀少的大气泡悬浮在釉中。由于玻化后釉的脆性增加,大多数情况下会产生细裂纹。只有处于正烧的温度范围内,釉才会出现半透明的玉质感。这种玉质感的形成,主要原因是釉中除存在少量的未熔石英颗粒外,还存在第二相晶体颗粒,即针状的钙长石晶体和硅灰石析晶群,还有大量的小气泡。特别是南宋后期,多半粉青釉的烧成温度处于正烧温度范围的下限,而梅子青釉的烧成温度靠近正烧温度范围的上限,使部分晶体回熔。粉青釉中的晶体比梅子青釉多,故粉青釉内晶体相的散射效果比梅子青釉更强。而梅子青釉的透明感比粉青釉更明显,因此光泽度亦高于粉青釉。二者都呈现出美好的玉质感,但在质感上仍有一定的差别。再者青釉中釉层在烧成后没有融为一体,层与层之间仍然留有交界层的痕迹,这些层界的反射也会对釉的玉质感起到一定的作用。南宋的龙泉黑胎青瓷亦处于正烧的青釉,有少数样品的烧成温度偏高一些。正烧的黑胎青瓷的玉质感源于釉中生成的钙长石晶体颗粒和晶体层的散射,少量残留的石英颗粒和气泡也起一定的作用。但温度偏高的样品,其釉中的晶体很少,气泡也少,进入了过烧范围,釉则显得透明,表面光亮。

图 3-6 龙泉窑青釉弦纹三足炉

龙泉窑青釉弦纹三足炉,宋代瓷器,高 9.3 cm,口径 14.5 cm,足径 5.5 cm,足距

7.9 cm。炉口沿较宽,直壁,圈足,底下承以三个云头形足,三足与圈足在同一平面。器身凸起弦纹四道,上下各一道,中间两道。通体施梅子青釉,圈足端无釉,外底粘有窑渣。(图片源自故宫博物院官网)

梅子青釉的主要成因在于烧成温度处于正烧的上限,呈现较好的玻化状态,釉层特别厚,增强了釉色的碧绿感,重还原烧成使釉中的铁离子得到充分还原。观察龙泉白胎青釉瓷和黑胎青釉瓷的显微结构可以发现,南宋粉青釉的釉层中存在未熔的石英和黏土团粒,气泡小而多。除釉中所含的细小晶体外,这些未熔颗粒在釉层中也增强了对光线的散射。龙泉黑胎青瓷的显微结构照片显示,釉中除含有不同量的石英颗粒和气泡外,还有呈层状、带状或团状的晶体群,多为钙长石晶体。另外从釉层的显微结构还可以清楚地看出,釉层断面上显示出分层线,釉中有三层釉存在。这表明龙泉釉采用多层施釉技术增加釉的厚度。

第三节　南宋时期官窑与龙泉青瓷的对比

北宋灭亡后,随着宋室南渡及南宋政权的逐渐稳定,礼制的恢复被提上朝廷议程,南宋官窑青瓷便开始作为祭器及皇家用器出现在世人眼前。早期南宋官窑在一定程度上借鉴了龙泉等地的制瓷工艺和技法。然而,进入南宋中期,南宋官窑产品专供皇室,其投入的人力、财力、物力等条件非龙泉其他窑口所能及。在这一时期,官窑的制瓷工艺显著提高并超过各地民办窑口。为满足贵族及文人墨客对官窑青瓷的向往,龙泉的制瓷工匠们便开始着手仿制南宋官窑青瓷。因此在南宋时期,南宋官窑青瓷与龙泉哥窑青瓷均受到追求尚玉之风的主流审美观的影响;且二者同产于浙江地区,工艺技法的相互借鉴导致二者在外观上难以辨别。

考古专家于2011年对龙泉溪口瓦窑垟遗址进行深入发掘,发现该窑址出土的许多南宋时期的瓷片在外观特征上与南宋官窑青瓷极其相似,难以区分。目前,由于两地窑址明确,考古界对两地青瓷在南宋时期的原料选取与工艺特点都有了一定的认识,越来越多的考古学者认为两地窑址的陶瓷工匠会就产品的工艺制作进行沟通与联系。然而,学术界从科技角度去研究南宋时期两地青瓷在化学组成、工艺水平和特征、微观结构以及物理性能等方面的联系与区别,还存在一定的不足。

　　现选取南宋官窑与龙泉哥窑的特征瓷片,通过借助各种古陶瓷测试仪器,从外观特征、物理性能、显微结构、化学组成等方面来深入研究南宋官窑青瓷与龙泉青瓷的异同点。图 3－7 列出了较典型的杭州郊坛下南宋官窑窑址、龙泉大窑及溪口瓦窑垟窑址的粉青色青瓷样品的照片。其中,JTX 为杭州乌龟山郊坛下南宋官窑青瓷瓷片(2 片),DY 为龙泉大窑青瓷瓷片(2 片),XKWYY 为龙泉溪口瓦窑垟青瓷瓷片(2 片)。

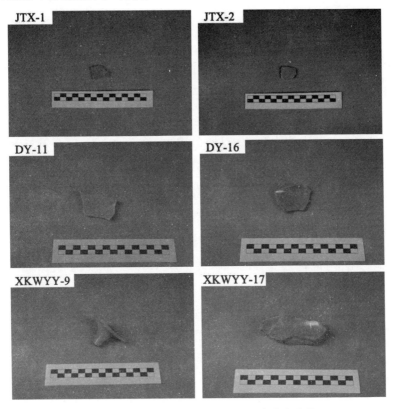

图 3－7　南宋时期官窑青瓷与龙泉青瓷古瓷片

　　观察瓷片的外观特征可知,南宋官窑瓷片胎体与龙泉青瓷相比较疏松,且胎体较薄;南宋官窑瓷片胎釉中间层相较龙泉青瓷也更薄;龙泉青瓷的釉面比南宋官窑光泽度更好,玻化程度较高。但单独从外观颜色上很难将两地瓷片区分开来,即便借助体视显微镜也只能略微观察到二者在气泡尺寸及数量上的区别。为了探究两地瓷片在原料、组成、工艺等方面的异同点,需对上述古瓷片进行化学组成及物理性能的测试分析。表 3－4 列出了南宋官窑与龙泉窑的青瓷古瓷片瓷胎主、次量元素的化学组成。

表3-4　南宋官窑与龙泉窑的青瓷古瓷片瓷胎主、次量元素的化学组成(%)

	SiO$_2$	Al$_2$O$_3$	Fe$_2$O$_3$	TiO$_2$	CaO	MgO	K$_2$O	Na$_2$O
JTX-1	68.98	22.24	2.07	0.63	0.35	1.08	3.39	0.26
JTX-2	65.32	23.94	2.34	0.69	0.33	1.74	4.58	0.03
DY-11	66.73	25.14	2.84	0.20	0.19	0.48	2.77	0.65
DY-16	59.31	28.88	3.90	0.28	0.42	0.81	4.66	0.74
XKWYY-9	60.03	28.15	3.69	0.20	1.05	0.50	5.36	0.03
XKWYY-17	61.73	26.76	4.15	0.34	0.38	0.81	4.42	0.41

从表3-4中可以清晰地看出两地青瓷瓷胎在化学组成上有明显的区别。其中:南宋官窑瓷胎 Al$_2$O$_3$ 与 Fe$_2$O$_3$ 的平均含量(分别为23.09%、2.21%)比龙泉青瓷(分别为27.23%、3.65%)低; SiO$_2$ 与 TiO$_2$ 的平均含量(分别为67.15%、0.66%)比龙泉青瓷(分别为61.95%、0.26%)高;碱金属与碱金属氧化物之和的平均值相近(南宋官窑为5.88%,龙泉青瓷为5.92%)。上述情况说明两地青瓷瓷胎在化学组成上有一定的差异,即南宋官窑瓷胎较之于龙泉青瓷,表现出低铝、低铁,高硅、高钛的特点。

表3-5为南宋官窑与龙泉青瓷瓷釉的主、次量元素的化学组成。从中可以明显地看出,两地青瓷瓷釉的 SiO$_2$、Al$_2$O$_3$、TiO$_2$ 及 MgO 的含量有一定的差异。这说明两地的瓷釉在化学组成上也存在差异。

表3-5　南宋官窑青瓷与龙泉青瓷古瓷片瓷釉主、次量元素的化学组成(%)

	SiO$_2$	Al$_2$O$_3$	Fe$_2$O$_3$	TiO$_2$	CaO	MgO	K$_2$O	Na$_2$O
JTX-1	65.69	13.83	0.91	0.14	12.54	0.90	4.61	0.38
JTX-2	65.57	14.73	1.10	0.13	13.01	0.95	3.30	0.20
DY-11	70.98	13.65	0.54	0.05	7.61	0.56	5.31	0.30
DY-16	69.73	11.81	0.88	0.07	10.43	0.74	5.08	0.64
XKWYY-9	72.90	11.38	0.67	0.05	8.61	0.71	4.18	0.50
XKWYY-17	67.53	12.06	1.24	0.07	13.20	1.03	3.63	0.24

图3-8为结合相关文献中瓷釉化学组成的数据与上述6块特征瓷片的数据,将相关瓷釉的化学组成换算为釉式,整理出的两地瓷釉 Al$_2$O$_3$ 与 SiO$_2$ 的摩尔量的釉面性状图。从图中可见,南宋官窑瓷釉呈现高铝、低硅的特征,其

Al$_2$O$_3$ 与 SiO$_2$ 含量分别处于 0.4 mol ~ 0.55 mol 与 3.4 mol ~ 4.1 mol 的较小范围内,该范围内的瓷釉多属于半无光的范畴;而龙泉青瓷釉较之于南宋官窑青瓷呈现低铝、高硅的特点,其 Al$_2$O$_3$ 与 SiO$_2$ 含量分别处于 0.36 mol ~ 0.66 mol 与 3.55 mol ~ 5.9 mol 的范围内,化学组成范围较大,但 Al$_2$O$_3$ 与 SiO$_2$ 的摩尔量以一定的线性值增加或减少,此范围内的瓷釉多属于透明釉的范畴。根据两地瓷釉的特点可以推断,南宋官窑瓷釉配方相对稳定,符合其官府督造、用料考究、工艺严苛的皇家用瓷标准;而同时期的龙泉青瓷由于窑口众多,各窑场在瓷釉配方上存在着一定的差异。

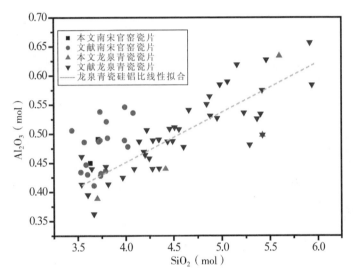

图 3 - 8　南宋官窑与龙泉青瓷瓷釉的 Al$_2$O$_3$ 与 SiO$_2$ 含量/mol

对比南宋官窑青瓷与龙泉青瓷的吸水率可以发现,南宋官窑青瓷的吸水率要高于龙泉青瓷。由此推断南宋官窑青瓷的烧成温度低于龙泉青瓷,导致其瓷胎的烧结情况较差。南宋官窑瓷胎具有高硅、低铝的特点,在相对低的温度下烧成,降低了瓷胎的变形率,且较低的烧成温度使得胎体较疏松,因而瓷胎吸水率较高。同时瓷釉高钙、低钾的特点使得釉的熔融温度范围较窄,适合在较低温度下烧成,从而避免过度流釉的情况发生。瓷釉中大量的小气泡及部分未熔石英的存在也提高了釉面的乳浊度,从而增强了釉面的玉质感,符合南宋官窑“袭故京遗制”以及南宋皇室对北宋尚玉之风的情感追求。相反,在较高温度下烧成的龙泉青瓷胎体较致密使得吸水率较低,且瓷胎高铝、低硅的特性使其能在较高的温度下烧成。瓷釉配方中 K$_2$O 含量高的植物灰的引入,降低了瓷釉中

CaO 的含量,使得瓷釉的熔融温度范围变宽。同时,釉的熔融温度的降低也在一定程度上提高了瓷釉的玻化程度。

两地瓷釉的 CaO 含量都有一定程度的变化,尤其是龙泉瓷片的 CaO 含量表现出钙釉向钙碱釉的变化过程。适当增加 K_2O 的含量可降低釉的熔融温度,拓宽熔融温度范围,并降低高温黏度,使釉层中的气泡尺寸变大、气泡数量减少、石英含量减少。明人陆容在《菽园杂记》中对龙泉青瓷的制釉过程进行了详细的描述:"油则取诸山中,蓄木叶,烧炼成灰,并白石末澄取细者,合而为油。"这表明南宋时期龙泉人已经将树木的枝叶和石灰石一起烧炼成釉灰,并将其与精制的瓷石细粉混合进行制釉。

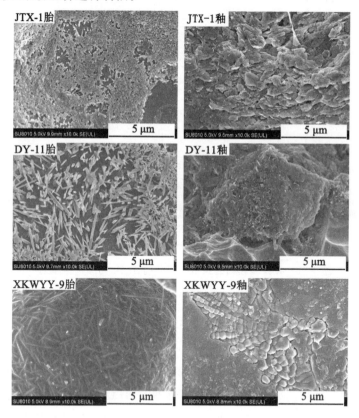

图 3-9 南宋官窑青瓷与龙泉青瓷断面的显微结构

图 3-9 显示的是扫描电子显微镜下南宋官窑青瓷与龙泉青瓷瓷片断面的显微结构。其中:龙泉青瓷胎体的烧结状态较好,胎中分布着发育较好的针状莫来石晶体,而这种针状莫来石晶体通常是从液相中析晶产生的;相比之下,南宋官窑青瓷胎体烧结情况较差,玻璃液相较少,胎中分布着发育不完全的柱状

莫来石晶体。由瓷胎的形貌特征结合胎体的吸水率、石英晶体的含量和尺寸、瓷胎的化学组成和烧成温度等因素综合分析可知,南宋官窑青瓷在较低的温度下烧成,瓷胎未完全烧结而不易变形,有效地保证了成品率,从而满足皇室的各类用度;而龙泉青瓷原料组成的差异使其瓷胎在化学组成上表现出高铝、低硅的特点,因此龙泉青瓷能在较高的温度下烧成而不易变形。

龙泉青瓷烧成温度较高,釉中气泡数量少,但尺寸大,瓷釉的玻璃相较多;相反,南宋官窑青瓷烧成温度较低,釉中气泡多,但尺寸小,瓷釉的玻化程度较差。瓷釉玻化程度较低时往往伴随着大量小尺寸(几微米到十几微米)的气泡,光很难透过釉层,提高了瓷釉的乳浊度;而瓷釉玻化程度较高时往往伴随着少量大尺寸(几十微米到几百微米)的气泡,釉的透光度较好,从而使得釉层通透。因此,在合理的瓷胎烧成温度范围之内,瓷釉选择较低的正烧温度可以使釉面具备良好的玉质感,而较高的正烧温度则增加了釉面的透光度。

参 考 文 献

1. 朱伯谦.龙泉窑青瓷[M].台北:艺术家出版社,1998.

2. 李家治.我国瓷器出现时期的研究[J].硅酸盐学报,1978(3):190-198.

3. 郭演仪,邹绎如.古代龙泉青瓷和瓷石[J].考古,1992(4):375-381,391.

4. 周仁,李家治.中国历代名窑陶瓷工艺的初步科学总结[J].考古学报,1960(1):89-104,144-151,153-154.

5. 朱文科.龙泉窑烧造始末[J].文物鉴定与鉴赏,2012(3):9-14.

6. 王争.浅谈南宋官窑的若干问题:对南宋官窑起源及发展过程的回顾[J].黑龙江史志,2014(18):21-22.

7. 王芳.南宋时期龙泉窑与官窑的比较性研究[D].北京:中央民族大学,2012.

8. 吴隽,吴艳芳,吴军明,等.景德镇仿龙泉青瓷与龙泉青瓷组成特征研究[J].光谱学与光谱分析,2013,33(8):2246-2250.

9. 李合,丁银忠,沈琼华,等.杭州南宋遗址出土官窑类瓷片的科技研究[J].南方文物,2013(2):72-80.

10. 李家治.中国科学技术史:陶瓷卷[M].北京:科学出版社,1998.

11. 段鸿莺,李合,王光尧,等.浙江龙泉哥窑与杭州老虎洞官窑青瓷瓷片的对比研究[C].北京:科学出版社,2015.

12. 周少华.谜一样的"哥窑"[J].陶瓷研究,2017(2):99-105.

第四章　白釉瓷的釉层分析及工艺

　　青釉瓷在越窑烧制成功后的很长一段时间内,都是我国南方瓷器生产的主流。南北朝时期,北齐的农业、盐铁业和制瓷业都十分发达,出现了许多制瓷作坊。仅考古发现的重要烧瓷窑址就有山东淄博寨里窑、枣庄中陈郝窑,河北邢窑,以及河南安阳相州窑、灵芝窑等窑址。这些窑场大体形成了三个北方早期青瓷生产中心。相比于南方青瓷,北方地区的青瓷胎质粗厚、釉层薄厚不匀。然而,通过长期的实践,北方窑工们采用多种方法,有效改善了瓷釉的配方和工艺,青瓷的质量得以迅速提高。至北齐晚期,北方青瓷胎色灰白、釉色浅淡,在一定程度上,其质量超过了南方青釉瓷。

　　北方地区的青瓷质量明显提高的同时,白瓷也应运而生。目前,我国发现的最早的白瓷当属河南安阳北齐武平六年(公元 575 年)范粹墓出土的 9 件瓷器。这批早期白瓷胎质洁白细腻,釉层薄而润泽,呈乳白色,但普遍泛青黄色,有些釉厚的地方呈青色,具有明显的初创特点。隋代后,白瓷较之北齐有了很大的进步,烧制工艺已基本成熟。河南安阳的隋开皇十五年(公元 595 年)张盛墓中发现的一批带有若干青釉瓷特征的白瓷,已接近标准的白瓷。其胎、釉的质量比范粹墓出土的白瓷有所提高,瓷质细腻,釉层洁白、匀净。部分白瓷使用了白色化妆土,其中 3 件白瓷俑上还在发、眉、须和服饰的部分地方加施了黑彩。晚于张盛墓十余年的西安郊区隋大业四年(公元 608 年)的李静训墓中也出土了白釉瓷。这些器物的胎质较白,釉面光润,已经完全看不出白中闪黄或白中泛青的现象,是相当成熟的白瓷器。在西安郊区的隋大业六年(公元 610 年)姬威墓中出土的 1 件白瓷盘口瓶,其胎质坚实白细,瓷胎表面施加了洁白的化妆上,致使釉面呈色稳定,匀净光润。此器被认为是隋代白釉瓷的代表作。1982 年,河北保定曲阳县与大业八年(公元 612 年)尉仁弘墓志伴出了 1 件白瓷盘口瓶。此器为白灰胎,施化妆土、透明釉,釉色白净光润,是隋朝后期的白瓷精品。此外,隋代邢窑还烧制出一种"精细透光白瓷",其在光润程度、胎体厚度和瓷化程度等方面皆胜过通常所说的细白瓷,令人赞叹不已。

在北朝和隋代的基础上,唐代北方地区的制瓷业得到了较大的发展,其中以白瓷的发展最为典型。河南、河北、陕西、山西都有窑场烧造,与同期南方的诸多青瓷窑场遥相呼应,打破了青釉瓷一统天下的格局,形成了我国陶瓷历史上"南青北白"相互争艳的局面。

图 4-1　邢窑白釉壶

邢窑白釉壶,唐代瓷器,口径 7.5 cm,足径 7 cm,高 17.5 cm。壶敞口,长圆腹,平底,小短流,颈与腹部有曲柄相连。通体施白釉,外部施釉不到底。此件器物造型端庄、规整,釉色洁白、莹润,属邢窑白瓷中的细白瓷,体现出唐代邢窑白瓷"似雪类银"的素雅与优美。(图片源自故宫博物院官网)

第一节　白瓷出现的原因

白釉瓷的出现是我国制瓷技术进步的必然结果。然而,白瓷为何在北方地区率先烧制成功,而不是在青瓷烧造技术十分成熟的南方? 究其原因,大致有以下几点:

1. 政治因素。东汉末年以来,中原一带长期处于分裂割据、频繁混战的局面,原来繁荣的城市满目疮痍,农业凋敝,百姓流离失所,手工业尤为衰落,陶瓷手工业长期处于停滞状态。考古资料证明,中原地区的魏末晋初的墓葬里,几乎没有发现瓷器。整个西晋时期,人民灾难深重,北方生产基本陷于停滞状态。北方地区迄今未发现一处西晋时期烧造青瓷的窑址,相关墓葬中也很少发现用于陪葬的青釉瓷,其时制瓷业的衰败程度由此可见一斑。西晋灭亡之后,中原成了群雄逐鹿的战场,内战不断,政权更替,使北方遭到空前的破坏。直至北魏统一北方以后,社会渐趋稳定,北方地区的经济才逐步复苏和发展。于是,北方制瓷业随之发展迅速,相应技术也逐渐走向成熟。

2. 社会习俗。南北朝至隋朝期间,尚白的习俗,在封建统治者和士庶的意识形态之中皆有体现。《南齐书》中记载:"宋元嘉世,诸王入斋阁,得白服裙帽见人主,唯出太极四厢,乃备朝服,自比以来,此事一断。上与嶷同生,相友睦,宫内曲宴,许依元嘉。嶷固辞不奉敕,唯车驾幸第,乃白服乌纱帽以侍宴焉。"入隋以后,崇尚白色的习俗不仅没有消失,反而更为盛行。程大昌的《演繁露》中记载:"隋时以白帢通为庆吊之服,国子生服白纱巾也。"《隋书·礼仪志》中记载:"隐居道素之士,被召入谒见者,黑介帻,白单衣。"北朝人和隋代人对白色有如此浓厚的兴趣和深刻的崇尚心理,是白瓷发展的社会因素之一。

图 4 - 2   邢窑白釉皮囊式壶

邢窑白釉皮囊式壶,唐代瓷器,通高 12.5 cm,口径 2.2 cm,底径 12.5 cm。壶为提包式,上窄下宽,形似袋囊。顶端一侧有短直小流,中间有一曲柄,另一侧饰一曲尾。袋囊的转折处饰有凸起的折线纹,中间亦饰凸线一道。此壶通体施白釉。在有装饰线的积釉处,釉泛青白色。(图片源自故宫博物院官网)

自西晋以来,北方地区封建社会的阶级矛盾,尤其是民族矛盾空前激烈,而外来的佛教自西汉末年传入我国以后,处于水深火热中的各族百姓为了精神上的寄托,对佛教笃信不疑。北魏始,弥勒信仰在北方地区广泛流传开来。北朝统治者为了巩固自己的地位,便利用宗教麻痹人民。作为一种宗教,其往往表现出对某一种颜色的追求和崇尚。弥勒信仰的表现为"服素衣,持白伞白幡",即崇尚白色是弥勒信仰的特征。既然南北朝和隋代的封建统治者、士庶和百姓皆崇尚白色,那这种精神上的追求自然会反映在他们的思想意识和审美意趣中。白瓷具有与北方大雪相似的洁白、素雅的外观,自然更受那些崇尚白色的人们的喜爱。

3. 制瓷原料与燃料。我国北方各窑区附近所产原料大都是质量较好的黏土,而且多为二次沉积黏土。这类黏土具有一个明显的特点,那就是 Al_2O_3 的含量较高,而铁、钛等呈色元素的含量明显低于南方的瓷土。同时,在某些白瓷胎的配方中还使用了长石,使得某些瓷胎的 K_2O 含量高达 5% 以上。根据它们的化学组成中 SiO_2 的含量以及瓷胎的显微结构中 α – 石英的存在,可以认为远在隋唐时代即已出现了近代的高岭—石英—长石质瓷,这是南方青瓷中从未出现过的。与此同时,我国北方还拥有丰富的煤炭资源;那时,煤炭或许已被用作烧瓷的燃料。如果是这样,北方青瓷的烧成效果不甚理想,很可能与煤炭很难烧出还原焰有关。然而,白瓷一般是在氧化焰或者弱还原焰中烧成的,故煤炭对白瓷烧制并无大碍。

4. 制瓷工艺的改进。自北朝时青瓷在我国北方烧制成功之后,制瓷工匠们便采用多种方法,努力提高瓷器的质量,例如,精心挑选原料、升高和控制炉温、施加化妆土等。唐代邢、巩、定窑细白釉瓷的烧成温度都已达到 1300 ℃,有的甚至高达 1380 ℃,这是至今所测得的我国南、北方古瓷的最高烧成温度。烧成温度的提高必然与窑炉的改进相联系。据现有资料,隋、唐时代,烧制北方白瓷釉所使用的窑炉都是直焰馒头窑(或称马蹄窑)。采用具有大燃烧室、小窑室和双烟囱的略呈长方形的窑,加之使用长火焰的木材作燃料,遂使烧成温度得到较大的升高。再则是装烧工艺的改进,从明火支烧到匣钵装烧是在烧制工艺上提高瓷器质量的一个突破。在隋末唐初,邢窑细白瓷即已使用匣钵装烧,邢窑也是目前我国发现的较早使用匣钵装烧瓷器的窑场之一。北宋后期定窑所开创的覆烧工艺以及随后对覆烧工艺的改进,在我国制瓷工艺上也是值得一提的。虽然这一烧造工艺因具有一定的缺陷——芒口,而未能被后世广泛采用,但在当时已大大提高和改进了瓷器的产量,因此仍不失为一项重大的技术革新。

图 4-3　馒头窑

20世纪70年代,在河北磁县发掘的北齐武平七年(公元576年)左丞相文昭王高润墓中出土了两件瓷碗,口部均露出了化妆土。这表明北方地区至迟在北齐时即已使用化妆土。化妆土经提纯、淘洗和陈腐后,有效去除了铁、钛等呈色成分。因此,化妆土的施加,不仅可改善胎体的粗糙表面,而且可改善釉的呈色效果。从一开始,北方地区使用的化妆土就不同于南方地区的,主要表现在原料的选择上,北方大多选用高铝、低铁的黏土原料,不仅可以使器物表面更平滑,还有改善胎色的作用。

综上所述,北朝时期皇室、士庶和平民都崇尚白色。对白色的追求,是白瓷创烧的社会需求。豫北、冀南地区颇为成熟的青瓷烧制技术以及丰富的高岭土、煤矿等资源,则为白瓷的创烧与发展提供了非常重要的条件。可见,白瓷首先出现在我国北方是我国陶瓷发展过程中的必然结果。

第二节　北方白釉瓷

由于南方地区和北方地区的制瓷原料不同,因此陶瓷生产工艺也不尽相同。早期的白釉瓷大多出现在长江以北,大多集中在黄河两岸的河北和河南两省;而在长江以南地区,早期白釉瓷的出现则要比北方晚 300 多年。但北方的白釉瓷在宋代以后逐渐衰落,代之而起的则是南方的白釉瓷。

一、北方地区早期白釉瓷的制瓷原料

北方白釉瓷出现于北齐末年至隋代初期,成熟于隋、唐时期,烧造地区主要是河北邢窑,唐代时河南巩窑和河北定窑也陆续烧制白釉瓷。此外,唐代陕西铜川耀州窑、河南郏县窑等也烧制白釉瓷,但在质量上均不如邢窑、巩窑和定窑所烧的白釉瓷,属于粗瓷。为了改进瓷器的外观和质量,多数采用釉下施用化

图 4-4　邢窑白釉点彩子母狮塑像

邢窑白釉点彩子母狮塑像,唐代瓷器,高 10.8 cm,底边长 6.3 cm。母狮昂首,两眼凸起,双耳直立,张口露齿,长须卷发,前腿直,后腿曲,尾上卷,伏卧于台上。母狮前腿间有一小狮趴卧。狮身皆施白釉,小狮的眼睛及母狮的眼睛和腿部均点以褐彩。台为正方体,四周施褐色釉,浓重处呈黑色。(图片源自故宫博物院官网)

妆土的方法。著名的古陶瓷专家李家治先生在《中国科学技术史·陶瓷卷》中

这样写道:"白釉瓷的技术成就首先表现在原料的使用和配方的改进。邢、巩、定白釉瓷的胎中都使用了含高岭石较多的二次沉积粘(编者注:应为黏)土或高岭土,因而使得它们胎中的含量增高。同时在某些胎的配方中使用了长石,导致胎中 K_2O 的含量高达 5% ……"大量的科技文献资料也显示,隋、唐时期,某些精细白瓷胎体的化学组成中,Al_2O_3 和 K_2O 的含量较高,同时显微结构中亦有长石、云母等岩相的残骸。这一现象在某种程度上似乎表明精细白瓷的胎料采用了二元或多元配方。

图 4-5　巩窑白釉弦纹匜

　　巩窑白釉弦纹匜,唐代瓷器,高 8.5 cm,口径 19.3 cm。匜撇口,折腰,腹部凸起弦纹一道,平底。口边一侧有槽形短流。胎体洁白。里外均施透明釉,釉层显现细碎开片。(图片源自故宫博物院官网)

图 4-6　定窑白釉盒

定窑白釉盒,唐代瓷器,高 6.9 cm,口径 9.8 cm,足径 5.4 cm。盒呈圆形,上、下子母口扣合,直壁,盖顶隆起,腹下内收,圈足。胎壁较厚,胎质坚硬。里外施白釉,釉色洁白,釉面莹润。(图片源自故宫博物院官网)

我国河南、河北、陕西、山西、山东各省都盛产质量较好的制瓷黏土,而且大部分出产在煤区附近,多为二次沉积黏土,有的呈黑色,有的呈灰色,有的呈灰白色,有的呈土黄色。呈灰色、黑色的原因是黏土中含有大量的有机物或炭屑。也有一些制瓷黏土是花岗岩风化的产物,其外观呈灰白色,易于粉碎,如河南罗山瓷土、山西应县瓷土、山东蓬莱仙山瓷土等。北方各类黏土所含杂质的种类和数量也不一样:有的较纯,Al_2O_3 含量很高,接近纯高岭土;有的则含较多的钛、铁等杂质,Al_2O_3 的含量相对较低。各地区对黏土的叫法也不一样,有的称"大青土",有的称"增土",有的称"瓷土",实际上都是纯度不同的高岭土、瓷土或耐火黏土。此外,北方各窑口附近还盛产长石、石英、方解石等制瓷原料,比如陕西富平的料姜石,河南临汝、宝丰一带出产的黄长石(富含 SiO_2、K_2O),河南安阳的白药(富含钾长石),河北曲阳的长石、滑石、白云石等。表 4-1 所列为我国早期白瓷与青瓷的瓷胎以及北方不同地区的制瓷原料的化学组成。

表 4-1　早期青瓷、白瓷窑口的瓷胎及制瓷原料的化学组成

编号	种类	氧化物含量(%)							
		Al_2O_3	SiO_2	K_2O	CaO	TiO_2	Fe_2O_3	SiO_2	R_xO_y
YN1	北齐邢窑粗青瓷	26.62	65.83	1.79	1.66	1.02	1.61	4.199	0.088
YN2	隋邢窑粗青瓷	26.7	67.5	1.90	0.41	1.10	1.50	4.286	0.092
YN3	隋邢窑粗青瓷	26.6	66.5	1.80	0.39	0.87	2.80	4.241	0.115
YN4	隋邢窑粗白瓷	27.29	66.01	1.76	0.74	1.06	1.80	4.101	0.092
YN5	隋邢窑粗白瓷	25.9	68.2	1.90	0.37	1.00	1.70	4.469	0.098
HB1	河北祁村三号土	39.63	56.6	1.06	0.21	2.07	0.58	2.34	0.083
HB2	河北祁村二号土	42.02	56.05	0.2	0.18	2.05	0.16	2.65	0.068
HB3	河北祁村三号土	44.34	52.78	0.75	0.36	0.66	0.67	2.02	0.032
HB4	河北峰峰大青土	29.42	65.59	0.76	0.57	1.48	0.96	3.83	0.076
HB5	河北贾壁软质土	26.75	64.46	0.71	0.44	2.83	1.41	4.18	0.168
HN1	河南石坡瓷土	27.95	64.8	2.15	0.14	1.17	1.95	4.27	0.232

续表4-1

编号	种类	氧化物含量（%）							
		Al_2O_3	SiO_2	K_2O	CaO	TiO_2	Fe_2O_3	SiO_2	R_xO_y
HN2	河南安山瓷土	24.13	66.81	3.26	0.3	1.68	1.25	4.70	0.29
SX1	陕西耀州东山瓷土	26.88	67.76	2.28	0.29	1.95	1.17	3.93	0.19
HBQ1	河北祁村瓷土	35.31	47.78	2.13	1.82	1.37	1.97	2.30	0.18
HBQ2	河北祁村瓷土	24.45	65	1.06	0.4	1.04	2.53	4.51	0.24
HBF1	河北邯郸峰峰瓷土	27.82	61.46	2.16	0.56	1.54	2.14	3.75	0.25
SXY1	陕西耀州瓷土	29.33	58.87	2.02	0.37	1.36	2.18	3.41	0.22

（注：CaO、TiO_2、Fe_2O_3、SiO_2 的含量是在分子数以 Al_2O_3 为 1 的条件下计算出的结果。R_xO_y 为未知的杂质金属氧化物。）

近来在耀州窑址发现的唐代白釉瓷一般都施有化妆土。由于它们的胎色都呈深灰色，化妆土呈淡黄色，一层薄釉无色透明，因此这种白瓷带有明显的淡黄色。它们的共同特点是胎中 Al_2O_3 的含量都比较高，一般在 25% 以上。在约 800 年后的清代，景德镇的陶工们在瓷胎配方中逐渐增加高岭土后才使胎中的 Al_2O_3 提高到这一含量。

二、邢窑、定窑、巩窑白釉瓷的制瓷原料

位于河北的邢窑因最早烧制白瓷而闻名于世，同属河北的定窑因被列为宋代五大名窑而名扬天下。河南的巩窑也因长期烧制白瓷而享有盛名。这三个窑口的白瓷是我国北方白瓷体系的主要代表。

邢窑遗址主要分布在河北省邢台市下辖的内丘、临城两县境内的太行山东麓丘陵和平原地带，大部分集中在京广铁路以西的李阳河、泜河两岸。这里地势西高东低，河流纵横，到处是冲沟垎垴，这一带多地蕴藏着大量的黏土、铝矾土、硬质耐火土和半软质黏土。在内丘、临城和邢台县的西部山区还有石英、长石矿物广泛存在。邢窑唐代细白瓷胎料以窑址附近所产的一种紫红色的高岭土（当地人称之为"红砂石"）为主配制而成。红砂石为半软质高岭土，收缩性小，可塑性中等，铁元素含量一般在 0.5% 以下，主要产于内丘县东北岭、北大冯和临城县祁村、石固一代。而粗瓷和宋、金时的灰白瓷则采用一种叫灰矸子的半软质瓷土和轻矸土配制而成，属一元配方，一般经过反复淘洗、捏练便可使

用。釉料使用富含 CaO、MgO 的釉土或石灰石,与石英和高岭土配制而成。薄胎细白瓷是在普通细白瓷的基础上,在胎、釉中大量引入高钾原料以及在釉中掺入一定量的石英烧制而成的。工匠们还对器物的胎体进行了刻意的减薄加工,使其达到透光的效果。

图 4-7　邢窑博物馆

定窑是继唐代邢窑白瓷之后兴起的一大瓷窑体系。其主要产地在今河北省保定市曲阳县的涧磁村、野北村及东燕川村、西燕川村一带,因唐、宋时期该地区属定州管辖,故名定窑。定窑在唐代就是著名瓷场,到了宋代发展更迅速,大量烧制白瓷。白瓷胎土细腻,胎质薄而有光,釉色纯白滋润,上有泪痕,釉为白玻璃质釉,略带粉质,因此被称为粉定,亦称白定。其他瓷器胎质粗而釉色偏黄,俗称土定;紫色和黑色釉的称为酱定;另有高窑温烧制的釉色金黄偏红的,称为金定,这类瓷器极为稀少。到了北宋时期,定窑被选为宫廷用瓷。定窑的制胎原料主要是与煤共生的一种高铝黏土——坩子土。这种瓷土细腻致密,可塑性强,铁含量低,Al_2O_3 含量较高,助熔物质少,胎质坚硬,但不甚致密,故透光度差。釉料以钙釉或者钙碱釉为主,配釉所用的灰料不是草木灰,而是以石灰石、方解石、白云石等为原料的矿物灰。定窑是最早使用煤作为燃料的窑厂。因以煤为燃料,故釉中含有微量的 Fe_2O_3,这导致定窑白瓷呈色中带有黄色,釉色柔润、透明。

图4-8　涧磁村定窑遗址

巩窑位于今河南省巩义市。巩义市地处黄河南岸,洛河流经境内,并在巩义市老城北面注入黄河,向西直通"九朝古都"洛阳,煤和瓷土资源丰富。巩窑窑址狭长,沿该地区的伊洛河直下五六公里,一分为三:上游称白河段,主烧白瓷;中游称铁炉匠段,主烧酱瓷、黑瓷,兼烧白瓷;下游称黄冶段,主烧三彩。各段虽名称不同,但并无实际的分界,区别在于主烧的产品不同,故也存在将巩窑分称"白河窑""铁炉匠窑"与"黄冶窑"的习惯。巩窑白瓷以当地的优质高岭土为原料,Al_2O_3 含量高,SiO_2 含量低,亦属高铝质瓷。

因地质条件不同,矿物原料的化学组成及物相结构也不相同。虽然瓷器在高温烧制的过程中,大多矿物结构会发生改变,但仍有某些矿物相的残留,同时矿物所携带的主、微量元素,不会发生太大的变化。因此,通过对瓷胎中残留的矿物相的显微观察,以及对胎中主、微量元素的测试与比较,在某种程度上可推断出瓷胎配方的种类。表4-2所列为邢窑、定窑、巩窑三个窑址附近及相关地区的制瓷原料的化学组成。可以看出,上述三个窑址附近都有纯度较高的高岭土。如邢窑所在地临城祁村的木节土、巩窑所在地巩县(今巩义市)的黏土和定窑所在地灵山的黏土等,这些黏土的 Al_2O_3 含量接近40%,Fe_2O_3 和 TiO_2 的含量比较低,都属于杂质很少的优质高岭土。

表4-2　邢、巩、定窑附近的制瓷原料的化学组成

序号	编号	原料名称	产地	氧化物含量（%）											
				SiO_2	Al_2O_3	Fe_2O_3	TiO_2	CaO	MgO	K_2O	Na_2O	MnO	P_2O_5	烧失	总量
1	XM1	白坩土	临城竹壁	56.76	29.89	0.34	0.27	1.01	0.97					10.38	99.62
2	XM2	白坩土	赞皇白家窑	63.60	33.49	0.38	0.30	1.13	1.08						99.98
				57.75	29.10	0.36	0.71	0.23	0.27	0.55	0.23			10.64	99.84
				64.74	32.62	0.40	0.80	0.26	0.30	0.62	0.26				100.00
3	XM3	灰砂石	临城祁村	72.54	24.18	0.74	0.51	0.11	0.52	0.60	0.29				99.49
4	XM4	瓷土	临城祁村	56.60	39.63	0.58	2.07	0.21	0.28	1.06	0.09	<0.01	0.31		100.83
5	XM5	木节土	临城祁村	52.78	44.34	0.67	0.66	0.36	0.26	0.75	0.07	<0.01	0.23		100.12
6	XM6	釉土	临城水南寺	60.32	20.53	1.41	0.52	4.03	6.88	5.22	0.09				99.00
7	XM7	长石	内邱神头	64.23	18.57	0.13	0.01	0.67	0.80	11.02	2.60				98.03
8	XM8	石英	那台	98.04	0.10	0.07	0.01	0.18						0.12	98.52
9	XM9	白云石	临城鸡亮	4.98	0.94	0.08	1.51	28.71	19.35					43.58	99.15
10	GM10	黏土	巩义	47.76	36.75	0.44	0.91	0.42	0.13	1.26	1.40	0.01	0.17	11.04	100.29
11	DM11	黏土	灵山	47.61	37.04	0.21	0.56	0.12	0.32	0.26	0.37	<0.01		14.13	100.62
				55.05	42.82	0.24	0.65	0.14	0.37	0.30	0.43				100.00
12	DM12	柴木节	灵山	44.90	33.50	1.59	1.69	1.68	1.84	0.20	0.40			16.78	100.58
				53.58	39.98	0.70	2.02	2.00	1.00	0.24	0.48				100.00
13	DM13	白坩土	奎里	42.40	38.35	0.43	2.43	0.59	0.56	0.30	1.00			13.39	99.45
				49.27	44.56	0.50	2.82	0.69	0.65	0.35	1.16				100.00
14	DM14	石英	曲阳	98.26	0.85	0.80		0.25	0.21						100.37
15	DM15	长石	曲阳	65.28	19.11	0.50		0.25	0.22	9.16	4.35			0.81	99.68
16	DM16	滑石	曲阳	72.50	0.54	0.56		0.35	22.93					3.42	100.30
17	DM17	白云石	孝墓	17.35	4.36	0.42	0.12	24.96	17.62					34.79	99.62

三、邢窑、定窑、巩窑白釉瓷的烧制

邢窑、定窑、巩窑瓷器均属高铝质瓷,烧成温度较高。因为烧成时所用燃料和烧成气氛不同,邢窑、定窑、巩窑的精细白釉瓷呈现出不同的色调。将古陶瓷碎片标本切割磨制后在高温膨胀仪上进行加热,通过记录其膨胀曲线可获得样品原来的烧成温度。表4-3为邢窑、定窑、巩窑瓷片标本的烧成温度及与烧成性状相关的性能。

表4-3 邢、巩、定窑瓷器的烧成温度及相关性能

序号	编号	窑口	烧成温度(℃)	显气孔率(%)	吸水率(%)
1	HN1	邢窑	1370±20	17.78	8.40
2	HN4	邢窑	1260±20	5.29	2.31
3	HN5	邢窑	1340±20	0.81	0.35
4	YN2	邢窑	1280±20	4.07	1.64
5	YN3	邢窑	1230±20	3.72	1.61
6	YN6	邢窑		1.32	0.56
7	YN10	邢窑	1360±20	11.54	5.20
8	YN12	邢窑	1360±20	3.26	1.43
9	LTB-2	邢窑	1320±20	7.69	3.52
10	LTB-3	邢窑	1320±20	5.73	2.47
11	NTB-1	邢窑	1150±20	15.85	8.26
12	NTB-2	邢窑	1230±20	11.76	5.35
13	NTB-3	邢窑	>1310±20	3.01	1.34
14	NTB-9	邢窑	1210±20	9.77	4.48
15	NTB-11	邢窑	>1310±20	2.79	1.22
16	HG1	巩窑	1290±20	9.09	4.17
17	HG2	巩窑	1260±20	13.45	6.40
18	HG3	巩窑	1380±20	0.78	0.33
19	HG4	巩窑	1290±20	3.67	1.61
20	HG5	巩窑	1340±20	6.20	2.74
21	HG6	巩窑	1290±20	0.83	0.33
22	D(82)1-1	定窑	1300±20	0.68	4.04
23	D(82)1-2	定窑	1300±20	0.54	0.24
24	D(82)1-8	定窑	1320±20	5.80	2.49
25	D(82)2-4	定窑	1250±20	7.50	3.29

从表中数据可知,邢窑早期的青釉瓷和带有化妆土的粗白釉瓷烧成温度较

低,有的样品(NTB-1)烧成温度低至1150 ℃,而兴盛时期所烧制的精细白釉瓷烧成温度都在1320 ℃左右,最高达到1370 ℃(HN1)。经过中国科学院上海硅酸盐研究所测试,邢窑瓷胎中含有很高的Al_2O_3含量,其正烧温度可达1450 ℃。邢窑白釉瓷是已知的我国古代烧成温度最高的瓷器产品。因此,邢窑白釉瓷多数处于微生烧状态。也有少数瓷胎K_2O含量较高,烧成温度得以降低,而使这些瓷器达到正烧状态。从邢窑白釉瓷化学组成中的Fe_2O_3已大部分转变为FeO的情况看,它们是在还原气氛中烧成的。这就形成了邢窑白釉瓷白中微带青色的特色。

图4-9　邢窑白釉玉璧形底碗

邢窑白釉玉璧形底碗,唐代瓷器,高4.7 cm,口径15.6 cm,足径6.7 cm。碗唇口,腹壁斜出与水平面呈45°角,底为玉璧形。釉色洁白,不用化妆土,施釉到足墙,通体光素无纹饰,釉质莹润。邢窑白瓷胎骨坚实、致密、厚重,胎土白而细洁,瓷化程度较高,叩之作金石声。(图片源自故宫博物院官网)

巩窑白瓷的烧成温度在1300 ℃至1350 ℃之间,个别标本(HG3)烧成温度高达到1380 ℃。因暂未收集到巩窑白瓷的化学组成中FeO含量的数据,尚不能肯定其烧成气氛,但从其白中微泛黄的釉色可以推断,巩窑白瓷很可能是在氧化气氛中烧成的。

定窑是继唐代邢窑之后兴起的一大瓷窑体系,创烧于唐代中期,因借鉴了邢窑的高温烧成技术,在创烧阶段其烧成温度即已达到1300 ℃。晚唐和五代的定窑白釉瓷釉色仍是白中微泛青色,说明它们是在还原气氛中烧成的,这和它受邢窑的影响有关。但自北宋以后,定窑白釉瓷的釉色却白中闪黄,这是因为北宋以后定窑用煤取代柴作燃料,窑炉气氛由还原转向氧化所致。煤的使用提高了燃烧效率,改变了烧成气氛,增强了窑炉的保温性,对于提高装烧量和保证烧成率起到了重要作用,这是北方地区制瓷业的重要技术革新。

图4-10 定窑白釉刻"官"字款水丞

定窑白釉刻"官"字款水丞,五代瓷器,高6.4 cm,口径5 cm,足径3.5 cm。水丞敛口,器身圆鼓,圈足,外底刻行书"官"字款。胎体轻薄、细腻、坚致,通体内外施白釉。"官"字款为刻划款,书体有行、楷、草数种,以行书为多,主要见于晚唐至北宋时的白瓷上。(图片源自故宫博物院官网)

图4-11 定窑孩儿枕(残)

定窑孩儿枕(残),宋代瓷器,长15.2 cm,宽9 cm,高11 cm。此枕长方形托座上饰一枕臂侧卧的熟睡小童,小童双眼微合,面带微笑,腰侧为枕面,枕面残缺,只余一小部分,可见釉下印有婴戏莲花纹。托座底中空,涩胎,无釉,上有墨书"元祐元年八月廿七日置太□刘谨记此"。此枕通体施白釉,釉色温润,纹饰清晰,线条飘逸,具有北宋定窑白釉器的显著特征。

四、邢窑、定窑、巩窑白釉瓷胎、釉的显微结构

邢窑、定窑、巩窑白釉瓷在原料、化学组成和烧制工艺上都和南方青釉瓷有很大的不同,因此它们的显微结构和由此显示的物理性能也和南方青釉瓷有较大的差别。邢窑、定窑、巩窑白釉瓷样品在体视显微镜下观察到的胎、釉的显微结构照片如图4-12所示。

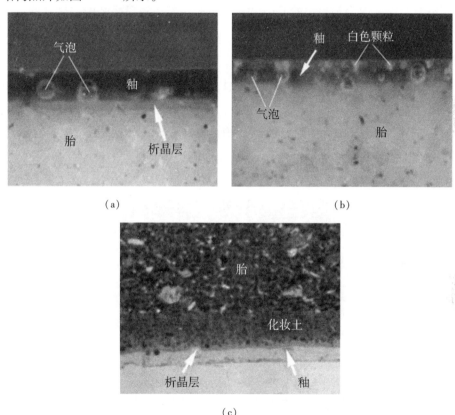

图4-12 邢窑(a)、定窑(b)、巩窑(c)瓷片胎、釉的显微结构照片

从图中可以看出,邢窑白釉瓷的釉层清澈透明,所含气泡甚少,胎、釉之间有明显的析晶层,胎质洁白、致密。邢窑粗、细白釉瓷釉的显微结构基本相同,都是透明玻璃釉,偶尔有极少的石英残留和小气泡。邢窑粗白釉瓷胎和釉之间往往有一层化妆土,厚度为0.2 mm~0.4 mm,颗粒较细。邢窑细白釉瓷胎中杂质很少,因而没有像粗瓷那样使用化妆土的必要。但在胎、釉之间经常出现一层较厚的白色反应层,即钙长石析晶层,析晶形态以板柱状为主。在邻近析晶层的釉层处,有大量毛发状的钙长石丛生晶体,推测是高温烧成时胎内的 Al_2O_3

与釉中的 CaO 和 SiO_2 成分充分反应形成的。而在紧邻析晶层的釉层内,因 Al_2O_3 含量有限,钙长石难以充分发育,故生成了大量毛发状的雏晶。邢窑白瓷外观莹润、柔和,应与钙长石析晶层对光线的散射密切相关。邢窑白瓷胎质洁白、致密,但含有许多未熔石英等碎屑以及大量条形的或片状的云母矿物。

唐代和北宋定窑白瓷的釉层透明或半透明,胎、釉之间未见明显的钙长石析晶层,可能是因为釉料中的 CaO 含量太低。定窑白瓷显微结构的显著特点是它们的胎中都有大量毛发状的莫来石晶体,且紧邻瓷胎的釉层处也生长着一些毛发状的莫来石晶体。这说明定窑白瓷胎料的 Al_2O_3 含量甚高,烧成温度也高。不难理解,莫来石晶体在定窑瓷胎中生长时,尚处于熔融状态的釉将向胎内扩散,与这些毛发状的莫来石紧密结合,形成特殊的过渡层。显然,这一特殊的过渡层同样起到增强釉与胎的结合力的作用。定窑白瓷胎质洁白,较为细腻,胎内未熔颗粒很少,除与较高的烧成温度相关外,还应与胎料的精选和处理有关。

图 4-13　定窑白釉剔花卷草纹腰圆枕

定窑白釉剔花卷草纹腰圆枕,金代瓷器,高 13.5 cm,长 25.5 cm,宽 21 cm。枕呈腰圆形,枕面下凹,前低后高。外壁施白釉,釉色白中泛灰。底部随意涂抹薄釉,露胎处可见胎呈浅黄色,质地稍粗。枕面剔刻草叶纹,枕壁剔刻卷草纹,纹饰呈浅黄色。从制作工艺看,系先在胎上施一层化妆土,刻划纹饰轮廓,然后将轮廓线以内部分的化妆土剔除,形成白地浅褐色花纹,最后施一层透明釉。

巩窑唐代白瓷的釉层半透明或透明,其显微结构大致和邢窑的细白釉瓷胎相似。除莫来石晶体外,也可见到蠕虫状的和扇形的高岭石残骸。巩窑白瓷亦有一层钙长石析晶层,而且在紧邻析晶层的釉层处也有相当数量的毛发状晶体。但与邢窑白瓷不同的是,巩窑白瓷析晶层的钙长石形态为短小的针状,不同于邢窑白瓷的板柱状。此外,它与邢窑细白釉瓷不同的是,胎中还有少量的云母残骸,这是北方瓷胎中少见的。

第三节　南方白釉瓷

白釉瓷创烧于我国北方,然而北方烧制白釉瓷的几个著名窑口在鼎盛一时之后却因为诸多原因逐渐败落,反倒是较晚烧制出白釉瓷的南方窑口将白釉瓷传承并发展了起来。南方白釉瓷的兴起主要以景德镇窑和德化窑为代表,景德镇窑承前启后,精益求精地烧制白釉瓷的同时将白釉瓷的优势充分发挥出来,创烧了釉下彩瓷、釉上彩瓷和颜色釉瓷。德化窑白瓷也利用自身的优势,烧制出白度极高的"中国白"和独具特色的"象牙白""猪油白"等名瓷。在南方,除了景德镇窑和德化窑这两个最具有代表性的烧制白釉瓷的窑口,江西南丰白舍窑、福建泉州窑、安徽繁昌窑、广西藤县中和窑和湖北湖泗窑等亦以烧青白釉瓷为主。

隋、唐时期在南方尚未发现烧造白釉瓷的窑址,景德镇的胜梅亭和白虎湾两窑所产的白釉瓷初期曾被认为是唐代制品。但后来经过多方考证、调查,多数人认为这两窑的遗物均是五代产品。由于两窑的白釉瓷在工艺和质量上均已达到一定的水平,因此推测景德镇瓷业在五代以前有可能即已开始。至于南方另一个著名的生产白釉瓷的窑址——福建德化窑则是宋代才开始的。景德镇窑和德化窑的白釉瓷获得很高的成就,与其精心选择的原料、出色的烧制工艺以及当时先进的窑炉技术等是密不可分的。吴隽等人采用能量色散 X 射线荧光无损分析技术,对景德镇和德化不同时期的白瓷样品釉的化学组成进行了测试分析,结果如表 4-4 所示。其中 4 件为宋、元时期的德化窑白瓷样品(DH-SY-1 到 DH-SY-4),4 件为明代德化窑白瓷样品(DH-M-1 到 DH-M-4),8 件为元代景德镇枢府白瓷样品(SF-1 到 SF-8)。

表4-4　景德镇窑和德化窑不同时期的白釉瓷釉的化学组成(%)

编号	Na_2O	MgO	Al_2O_3	SiO_2	K_2O	CaO	TiO_2	Fe_2O_3
DH-SY-1	0.19	0.91	14.63	69.79	4.31	8.76	0/05	0.37
DH-SY-2	0.26	0.83	14.49	69.98	5.08	7.99	0.05	0.32
DH-SY-3	0.46	0.89	15.94	63.92	3.71	13.66	0.05	0.36
DH-SY-4	0.35	0.64	15.15	65.68	3.13	13.15	0.03	0.88
DH-M-1	0.32	0.51	11.13	74.14	5.96	6.69	0.05	0.20
DH-M-2	0.44	0.64	17.63	68.35	6.90	4.75	0.06	0.24
DH-M-3	0.44	1.08	15.09	66.78	5.66	9.81	0.06	0.19
DH-M-4	0.25	0.99	14.48	71.95	7.89	3.09	0.07	0.27
SF-1	2.91	0.06	13.18	73.82	3.25	5.10	0.03	0.65
SF-2	3.01	0.17	13.51	72.09	3.09	5.69	0.03	1.42
SF-3	2.67	0.10	12.94	73.50	3.50	5.47	0.03	0.78
SF-4	1.63	0.36	14.50	70.37	3.05	7.95	0.04	1.10
SF-5	1.55	0.29	14.53	69.49	3.30	8.87	0.04	0.93
SF-6	1.74	0.10	13.62	71.60	3.38	7.52	0.02	1.01
SF-7	2.03	0.34	14.49	70.04	3.41	7.74	0.05	0.91
SF-8	3.13	0.26	14.11	72.72	4.07	3.75	0.04	0.93

(摘自吴隽等人的《中国古代南方白瓷的组成特征研究》,载于《光谱学与光谱分析》2012年第32卷第7期。)

德化白瓷瓷釉的CaO含量在3.09%和13.66%之间,K_2O含量在3.13%和7.89%之间,且二者之间呈线性关系,即K_2O含量越高,则CaO含量相对越低。而枢府白瓷瓷釉的CaO和K_2O含量则相对稳定,CaO含量在3.75%和8.87%之间,K_2O含量稳定在3%左右。这说明,元代景德镇枢府白瓷瓷釉的配方已基本稳定,且釉灰含量相对较低,减少了釉灰中所含的杂质元素,这是枢府白瓷质量稳定的保证。枢府白瓷釉中碱金属氧化物即Na_2O、K_2O的含量分别为2.33%、3.38%,低于瓷釉中的CaO含量;有的样本中碱金属氧化物含量甚至超过了CaO含量。而德化白瓷釉中也有小部分样本的碱金属氧化物含量高于CaO含量。由此可见:在宋、元时期,枢府白瓷釉应属于碱钙釉;而德化白瓷釉大部分应属于钙碱釉,或根据K_2O在碱金属氧化物中起主要作用的特点而称为

"钙钾釉"。这也表明：景德镇元代枢府白瓷釉的制备工艺已基本成熟,原料配方非常稳定;而德化白瓷在宋、元时期仍处在摸索和发展阶段。发展到明代,德化白瓷已发生较为明显的变化,除 DH-M-3 号样本外,其余样本的瓷釉中 CaO 含量均小于 6.7%,而 K_2O 含量均高于 5.9%,这显然是典型的"碱钙釉"。釉中 K_2O 含量增加,CaO 含量减少,不仅提高了釉料的高温黏度,可有效减少釉的流淌现象,还在一定程度上提高了釉面的光泽度,进而提高了德化白瓷的外观质量。这说明经历宋、元时期的摸索,加之受到景德镇白瓷制备工艺的影响,德化白瓷在明代已逐步成熟,进入了一个新的阶段。

一、景德镇窑白釉瓷

自五代至清代末年的约一千年间,景德镇窑白釉瓷无论在胎、釉的化学组成上还是烧制工艺上都取得了很大的进步和发展。景德镇窑白釉瓷胎中的 Al_2O_3 含量较高,而 SiO_2 含量则较低。增加 Al_2O_3 含量和降低 SiO_2 含量可采用以下三种方法:一是采用 Al_2O_3 含量较高的瓷石;二是加大淘洗力度,使原料的细颗粒部分增多;三是在配方中加入高岭土。其中,采用 Al_2O_3 含量较高的瓷石可以在一定程度上提高 Al_2O_3 含量,但瓷石的矿物组成决定了无法大幅提高 Al_2O_3 含量。加大原料的淘洗力度以提高 Al_2O_3 含量是一个较为有效的方法,但淘洗得越细,困难程度越大,所费的工时越多,原料的利用率越低。因此,单从提高 Al_2O_3 含量来看是可能的,而从工艺来看又不太现实。只有在配方中掺用高岭土这一方法才可能大幅提高景德镇窑白釉瓷胎中的 Al_2O_3 含量。关于景德镇制瓷工艺中何时掺用高岭土,比较肯定的说法是:元、明时期,单一瓷石的一元配方与瓷石配合高岭土的二元配方同时并存;明末清初高岭土配合瓷石制胎的二元配方已被成熟地运用。而五代和宋代是否曾掺用过少量的高岭土则没有定论。瓷胎的化学组成和显微结构决定着它们的物理性能。随着更多高岭土的引入,瓷胎中生成了较多的莫来石,它们的抗折强度亦逐步增加。同时,由于瓷石用量减少,瓷胎中石英的含量也减少了,它们的膨胀系数也越来越小。此外,烧成温度的提高、还原气氛的加强、原料选择和处理的精益求精等,都对景德镇窑白釉瓷内在和外观质量的改进起了非常重要的作用,促使景德镇窑白釉瓷在宋代以后,特别是清代初期,成为中国白釉瓷的代表。

景德镇窑白釉瓷质量的改进是靠在釉的配方中减少釉灰的用量来实现的。釉灰用量的减少可升高瓷釉的烧成温度;同时,釉石用量的增加,引入更多的

R_2O,增加釉在高温时的黏度,可使釉层增厚;再者,由于釉灰中含有较多的着色氧化物 Fe_2O_3,减少釉灰用量可以降低 Fe_2O_3 的含量,增加釉的白度。五代和宋代白釉中釉灰用量为16%左右,之后降到10%,然后再降到4%,甚至小于4%,这是景德镇白釉随着时代的进步,质量逐步提高的过程。景德镇历代瓷釉的显微结构也和它们的化学组成所揭示的规律一致。宋代的青白釉,由于 CaO 含量较高,是一种透明的玻璃釉,几乎找不到残留的石英和云母,只有少数 80 μm 以下的釉泡。但釉中含有较多的 CaO,所以在胎釉交界处有时可看到一层钙长石针状晶丛,这是釉中的 CaO 扩散到胎的表面,与胎中的云母残骸发生作用而逐渐生成的。青白釉是一种透明的玻璃釉,少数青白釉的外表有轻微的乳浊感——可能是这些钙长石反应层所起的作用,但比北方的邢窑白釉的乳浊感轻得多。

(一)卵白釉胎、釉的显微结构及性能

卵白釉是元代景德镇窑创烧的高温色釉新品种,因呈失透状,色白微青,颇似鸭蛋皮色泽,故名"卵白"。因卵白釉是元代最高军事机关"枢密院"在景德镇定烧的卵白瓷器,在器内以印花为主的纹饰中,往往对称印有"枢""府"二字,故通常又被称为"枢府釉"。从目前已掌握的资料看,卵白釉瓷除印"枢府"铭以外,还印"太禧""福寿""福禄""东卫""昌江""白王""寿""福""良"等铭文,大多数器物则不带铭款。其中"太禧"是元代专掌祭祀的机构"太禧宗禋院"的简称,带"太禧"铭的卵白釉瓷是太禧宗禋院定烧的贡瓷。

图4-14 卵白釉印花"太禧"铭云龙纹盘

卵白釉印花"太禧"铭云龙纹盘,元代瓷器,高 2.3 cm,口径 17.8 cm,足径 11.4 cm。盘敞口,浅弧壁,圈足。胎骨坚细、洁白,内外施釉,釉层较厚,呈失透状,釉面莹润,釉色白中泛青,恰似鹅卵色泽,故名"卵白釉"。足内露胎无釉。(图片源自故宫博物院官网)

元代景德镇枢府卵白釉所用的碱灰釉中,Na_2O 含量(平均为 3.49%)高于 K_2O 含量(平均为 3.07%),这一特征与景德镇三宝蓬所产釉果的化学组成相符。因而有学者认为,元代景德镇枢府卵白釉很可能就是采用这类瓷石配制而成的;也有学者认为,枢府卵白釉料主要由石英、云母和钠长石三种矿物所构成,它们都来自天然的釉果,如果它还使用釉灰,即使有也不会太多。

元代景德镇枢府卵白釉在外观上略有玉石感,有轻微的乳浊性,原因是釉中存在大量的钙长石析晶,这些钙长石析晶绝大部分在胎釉中间层的表面上形成,其中一部分在烧成过程中会被从胎中冲出来的气泡往上顶,脱离原来的位置而被带到釉层中。枢府卵白釉中还存在较多的残留石英和气泡,这些固体微粒和气泡使入射光产生散射,导致枢府卵白釉略带乳浊感。图 4-15 所示为景德镇落马桥红光瓷厂发掘的元代白瓷。徐文鹏、崔剑锋等学者曾对相关样品做过成分分析和工艺研究。其胎、釉的化学成分分别列于表 4-5 和表 4-6 中。

(a)元初至晚期青白瓷

(b)元末明初青白瓷

(c)元代中期卵白瓷

(d)元代晚期卵白瓷

图 4-15　落马桥遗址标本

表4-5　落马桥出土标本瓷胎的主、次量元素化学组成(％)

样品	Na₂O	MgO	Al₂O₃	SiO₂	K₂O	CaO	TiO₂	MnO	Fe₂O₃
a	3	0.61	20.83	70.27	3.21	0.47	0.08	0.07	1.47
b	1.62	0.65	17.83	74.41	4.10	0.32	0.05	0.05	0.96
c	4.1	0.6	20.61	70.66	2.55	0.39	0.05	0.06	0.98
d	3.91	0.64	19.81	72.04	2.29	0.43	0.04	0.05	0.79

表4-6　落马桥出土标本瓷釉的主、次量元素化学组成(％)

样品	Na₂O	MgO	Al₂O₃	SiO₂	K₂O	CaO	TiO₂	MnO	Fe₂O₃
a	3.84	0.55	12.87	71.57	3.65	6.45	0.03	0.08	0.96
b	1.67	0.88	13.34	70.28	4.04	8.43	0.04	0.07	1.25
c	4.75	0.66	12.39	72.23	3.44	5.34	0.03	0.10	1.06
d	4.85	0.54	12.75	74.27	3.22	3.48	0.03	0.07	0.79

(二)甜白釉胎、釉的显微结构及性能

甜白釉由永乐时的景德镇官窑创烧,宣德、成化、弘治、正德、嘉靖、万历时均曾烧制类似的白瓷,但均略逊于永乐甜白釉。由于甜白釉可以填彩绘画,故又称"填白"。通过对永乐甜白釉的胎、釉进行化学分析得知,其化学组成与以前的白瓷相比有所变化,即胎中引入了较多的高岭土,Al_2O_3 的含量增加,从而使瓷胎洁白、致密,机械强度得以提高。瓷釉中减少了传统的助熔剂——石灰石的加入量,而改用钾长石作主要助熔剂,致使釉中 R_2O/RO 的比值在历代景德镇白釉中甚至在其他地方所产白釉中最高,从而更具有碱钙釉的特征。这种釉在高温熔融状态下所具有的高黏度,是避免瓷釉白中泛青,呈现"甜白"色以及"棕眼""隐隐橘皮纹起"等外观效果的根本原因。

中国科学院上海硅酸盐研究所的张福康先生在对永乐甜白釉进行科学测试后谈道:"永乐甜白釉中存在大量固体微粒,其中大部分是残留石英、云母残骸及钙长石,这些固体微粒在数量上要比枢府窑卵白釉明显较多。除此之外,永乐甜白釉中还存在较多量的小气泡,大量固体微粒和气泡的存在使入射光产生强烈散射。明永乐甜白釉具有比枢府窑卵白釉更加明显的乳浊感,其原因就在于此。"

图 4 - 16　甜白釉僧帽壶

甜白釉僧帽壶,明永乐瓷器,高 19.7 cm,通流长 16.7 cm,足径 7.5 cm。壶因口部形似僧人之帽而俗称"僧帽壶"。阔颈,鼓腹,瘦底,圈足。壶身一侧口边至颈部置宽带形曲柄,相对的另一侧出鸭嘴状流槽。通体施甜白釉,无款识。(图片源自故宫博物院官网)

表 4 - 7　永乐甜白瓷胎、釉的主、次量元素化学组成(%)

	SiO$_2$	Al$_2$O$_3$	Fe$_2$O$_3$	TiO$_2$	CaO	MgO	K$_2$O	Na$_2$O	MnO	P$_2$O$_5$
胎	72.9	22.00	0.70	0.09	0.20	0.20	2.60	0.80	0.01	0.05
釉	71.18	15.22	1.17	0.10	2.36	0.6	5.28	2.70	0.09	0.16

(摘自李家治、陈士萍的《景德镇永乐白瓷的研究》,载于《景德镇陶瓷学院学报》1991 年第 12 卷第 1 期。)

李家治先生在《中国科学技术史·陶瓷卷》中指出:明代永乐甜白釉瓷胎的主要晶相为云母和石英,并存少量从长石残骸中析出的莫来石。云母的含量较之宋青白釉瓷和元枢府卵白釉瓷要多一些。石英颗粒的大小较为均匀,个别颗粒的粒径可达 50 μm,2 μm 至 10 μm 的颗粒占 70% 以上。石英的含量以面积计算约占瓷胎的 26%,说明瓷胎中瓷石的用量很大。高岭土的掺入量不会超过 30%。所用的瓷石不同于青白釉瓷,因为云母含量较多;也不同于枢府卵白釉瓷,因为长石含量较少。石英颗粒细小而均匀,可见,对瓷石的处理更为精细。

二、德化窑白釉瓷

德化窑是我国南方的著名窑场之一,以烧白釉瓷为主,兼烧青釉和黄黑釉瓷。德化窑白釉瓷瓷质致密,胎釉洁白、细腻,如脂似玉,整体晶莹剔透,进一步将追求玉质感的完美性发展到历史的巅峰,曾代表当时中国白瓷生产的最高水平,享有"象牙白""猪油白"和"中国白"等美誉。德化窑所产瓷器多经泉州市外销东南亚、印度、日本、伊朗、阿拉伯以及东非沿海等地区。其中尤以菲律宾群岛的古文化遗址和墓葬出土的德化窑瓷最多,比较完整或能够复原的德化窑古瓷竟达数千件之多,可见古代德化窑瓷业之盛和影响之大。

根据史料记载、窑址发掘和出土的实物可以推断,德化窑至少在宋代即已烧制瓷器。至于是否有可能在宋以前开创瓷业,还有待进一步的发现和考证。到目前为止,在德化县范围内尚未找到宋以前烧制瓷器的窑址,也未发现具有确切纪年的宋代以前的德化窑瓷器。

图 4 - 17　德化窑白釉兽耳炉

德化窑白釉兽耳炉,清代瓷器,高 7 cm,口径 13 cm,足径 10.5 cm。炉盘口,束颈,鼓腹,圈足。肩部对称置狮形耳。内涩胎无釉,外施白釉。这件瓷器釉面莹亮,乳白如凝脂,属于德化窑常烧的供器类器物中的香炉一类。(图片源自故宫博物院官网)

德化白瓷烧制成功,源于当时的陶瓷工匠能恰到好处地掌握烧成气氛,与当地的瓷土原料也有密切的关系。德化县境内多山,山地多产瓷土,德化瓷土皆由石英斑岩或长英岩等富含长石的岩石风化而成,SiO_2 含量较高。加之瓷土处理较为精细,瓷土中的 K_2O 含量高达 6%。此外,德化瓷土中含铁、钛等杂质较少,烧成后玻璃相较多,因而瓷胎滑润、致密、洁白如玉,透光度特别好。由于胎质细白,加之使用 Fe_2O_3 含量极低而 K_2O 含量很高的纯白釉,焙烧过程中采用中性气氛,因此德化窑白釉瓷釉面晶莹光亮,乳白似象牙,如凝脂冻玉,美不胜收。表 4-5 为宋代至清代的德化白釉瓷胎以及现代德化白釉瓷胎的化学组成。从表中可见,宋代至清代的德化白釉瓷胎中 SiO_2 含量和 Al_2O_3 含量相差不太大,SiO_2 含量在 71.76% 和 81.60% 之间,Al_2O_3 含量在 14.92% 和 21.76% 之间。从宋代至清代,在德化窑的制瓷历史中,SiO_2 含量和 Al_2O_3 含量并没有规律性地减少或增加。而景德镇窑在配方中逐渐增加高岭土的用量而使胎中的 SiO_2 含量逐渐降低,Al_2O_3 含量逐渐增多。SiO_2 和 Al_2O_3 两种氧化物含量的少量变化完全可以通过不同产地的原料或对原料进行不同程度的淘洗予以实现。因此,可以认为德化窑在整个烧制历史中始终只采用瓷土作为制瓷原料,也就是所谓的一元配方。只有在现代瓷(N-1)的化学组成中,Al_2O_3 的含量约高达 25%,因为它的配方中使用了高岭土。

德化白釉瓷胎化学组成的另一特点是 Fe_2O_3 的含量都较低,一般在 0.30% 和 0.60% 之间;K_2O 的含量则较高,一般为 5% 左右。德化白釉瓷胎的化学组成及其烧成温度决定了它的显微结构。由于瓷胎中含有很高含量的 SiO_2(它主要来自瓷土中的游离石英),因此瓷胎中均含有一定量的带有熔蚀边的残留石英,而且含有较多的玻璃相,但很少见长石残骸和发育较好的莫来石。它和早期的景德镇白釉瓷胎的显微结构十分相似,但又不同于明、清时期的景德镇白釉瓷。也就是说,随着时代的进步,德化白釉瓷胎的显微结构没有发生显著的变化。

表 4-5　德化白釉瓷胎的化学组成(%)

| 序号 | 编号 | 品种 | 朝代 | 氧化物含量(%) | | | | | | | | | | 总量 |
				SiO_2	Al_2O_3	Fe_2O_3	TiO_2	CaO	MgO	K_2O	Na_2O	MnO	P_2O_5	
1	NST2	白釉瓷	北宋	71.76	21.76	0.64	0.00	0.33	0.18	5.16	0.08	0.00	0.03	99.94
2	NST3(1)	白釉瓷	北宋	77.51	17.67	0.55	0.04	0.09	0.06	4.58	0.12	0.00	0.02	100.64
3	NST3(2)	青白釉瓷	北宋	74.51	21.42	1.12	0.00	0.15	0.22	2.75	0.06	0.00	0.02	100.25
4	SST1	青白釉瓷	南宋	81.60	14.92	0.87	0.09	0.14	0.13	2.87	0.08	0.00	0.00	100.70
5	SST3	青白釉瓷	南宋	77.80	18.47	0.42	0.00	0.17	0.17	4.45	0.16	0.00	0.03	101.64
6	YT12	白釉瓷	元	76.38	17.38	0.27	0.08	0.02	0.06	5.71	0.10	0.00	0.03	100.05
7	YT15	青白釉瓷	元	72.26	20.68	0.55	0.18	0.17	0.14	5.82	0.10	0.00	0.02	99.92
8	YT7	白釉瓷	元	75.33	19.12	0.37	0.08	0.17	0.10	5.00	0.09	0.00	0.02	100.28

续表 4 - 5

序号	编号	品种	朝代	氧化物含量（%）										总量
				SiO₂	Al₂O₃	Fe₂O₃	TiO₂	CaO	MgO	K₂O	Na₂O	MnO	P₂O₅	
9	YG(1)	白釉瓷	元	77.22	17.96	0.25	0.07	0.04	0.10	4.43	0.08	0.00	0.02	100.17
10	YG(2)	青白釉瓷	元	75.19	20.13	0.39	0.00	0.24	0.16	4.37	0.10	0.00	0.01	100.59
11	SF1	白釉瓷	元	72.95	19.67	0.57	0.20	0.45	0.18	5.35	0.29	0.00	0.02	99.68
12	MZ199	白釉瓷	明	76.74	16.76	0.35	0.10	0.15	0.08	5.94	0.13	0.00	0.03	100.28
13	MTB	白釉瓷	明	75.63	17.29	0.18	0.13	0.04	0.10	6.51	0.13	0.00	0.02	100.03
14	MF1	白釉瓷	明	74.24	17.69	0.35	0.58	0.28	0.42	6.48	0.15	0.07	0.04	100.30
15	C14	白釉瓷	清	75.88	16.97	0.38	0.10	0.04	0.10	6.14	0.38	0.00	0.02	100.01
16	C74	白釉瓷	清	75.00	18.01	0.32	0.09	0.02	0.08	6.76	0.15	0.00	0.02	100.45
17	N-1	白釉瓷	现代	66.46	24.68	0.19	0.06	0.31	0.06	7.40	1.22	0.00	0.03	100.41

　　德化白瓷釉基本上可以分为两大类。一类 CaO 含量大于 10%，多数在 10% 和 12% 之间波动；K_2O 含量小于 5%，Na_2O 的含量亦很少，属于钙钾釉。宋、元时期的釉多属于此类。另一类 CaO 含量小于 10%，多数在 6% 左右变化；K_2O 含量大于 6%。有些釉中的 K_2O 含量甚至超过 CaO 的含量，这类釉应称为碱钙釉或钾钙釉。明、清时期的釉多属此类。德化白瓷釉属透明玻璃釉，釉中残留和析出的晶体都很少，釉泡亦不多，在早期的青白瓷釉中偶尔有钙长石析出。

　　从以上情况可以发现，随着时代的进步，德化白瓷釉的化学组成变化还是有规律可循的，即：宋、元时期多数为钙钾釉；明、清时期多数为钾钙釉。这一变化对釉的影响是很大的。釉中 K_2O 含量增加，CaO 含量减少，可以增加釉的高温黏度，这对防止釉的流淌和增加光泽度十分有益。德化白瓷釉是采用瓷土加釉灰配制而成的，而不像瓷胎仅使用瓷土——单一配方制成。制瓷工人可以通过调节釉料中瓷土和釉灰的用量来改变釉料配方。如明、清时期某些釉中釉灰的用量可能只有宋、元时期某些釉的一半。这就形成了德化窑瓷胎、釉的变化特点：在近千年的烧制过程中，胎的变化不大和无规律可循，而釉则有明显的变化规律，釉的质量不断提高。

　　如前所述，明、清时期很多德化白瓷的胎、釉中，K_2O 含量几乎相等，还有的胎中的 K_2O 含量甚至超过釉中的 K_2O 含量。K_2O 含量的增加使得胎中生成较多的玻璃相，从而增加了胎的透明度。加上德化白瓷釉层都十分薄，一般在 0.1

mm 和 0.2 mm 之间。一个半透明的、洁白的胎加上薄薄的光亮、洁白的釉,使整个瓷器半透明的玉石感更加明显。德化白釉瓷的这些特色,不仅与邢、巩、定窑的 Al_2O_3 含量高的白釉瓷不同,也与景德镇白釉瓷不同。鲜明的特色加上得天独厚的优质原料(Fe_2O_3 含量极低),使德化白釉瓷在中国陶瓷工艺史上独树一帜。

参 考 文 献

1. 杨文山.隋代邢窑遗址的发现和初步分析[J].文物,1984(12):51-57.

2. 林洪.河北曲阳县涧磁村定窑遗址调查与试掘[J].考古,1965(8):394-412,7-12.

3. 张进,刘木锁,刘可栋.定窑工艺技术的研究与仿制[J].河北陶瓷,1983(4):14-35.

4. 李国桢,郭演仪.历代定窑白瓷的研究[J].硅酸盐学报,1983(3):52-59,135.

5. 张志刚,李家治.邢窑白瓷化学组成及工艺的研究[J].陶瓷学报,1992,10(1):15-29.

6. 陈尧成,张志中.邢窑隋唐细白瓷研究[J].景德镇陶瓷学院学报,1990(1):45-53.

7. 李国桢,诸培南.山西古代白瓷的研究[J].硅酸盐通报,1987,6(5):1-6.

8. 周仁,郭演仪,李家治.景德镇瓷器的研究[M].北京:科学出版社,1958.

9. 张绥庆,秦淑引,李佑芝.景德镇制瓷原料的化学矿物组成[J].硅酸盐,1960,4(1):41-48.

10. 李家治,陈士萍.景德镇永乐白瓷的研究[J].景德镇陶瓷学院学报,1991,12(1):27-32.

11. 周仁,李家治.景德镇历代瓷器胎、釉和烧制工艺的研究[J].硅酸盐,1960,4(2):49-62.

12. 徐本章,叶文程.德化瓷史与德化窑[M].香港:华星出版社,1993.

13. 曾凡.关于德化窑的几个问题[A].//中国硅酸盐学会.中国古陶瓷论文集[M].北京:文物出版社,1982.

14. 郭演仪,李国桢.历代德化白瓷的研究[A].//中国科学院上海硅酸盐研究所.中国古陶瓷研究[M].北京:科学出版社,1987.

15. 周仁,李家治.中国历代名窑陶瓷工艺的初步科学总结[J].考古学报,1960(1):89-104,144-151,153-154.

第五章　黑釉瓷的釉层分析及工艺

　　中国黑釉瓷起源于长江以南的广大区域,与原始青瓷产生的年代相一致。在距今 4000 年的上海马桥文化遗址,出土了中国最早的黑釉原始瓷残片;商朝中晚期至西周早中期,黑釉原始瓷分布区域逐渐拓展到浙江金华、衢州、德清,江西吴城,闽南和粤东的浮滨文化所在区域。这些历史遗存中出土了酱色、酱褐色和酱黑色的原始瓷器物和残片。西周晚期至春秋早期,浙江瑞安的凤凰山出土了一批完整的黑釉原始瓷,器型以鼎、豆、盂、罐为主,与同时期的原始青瓷器型相类似。这些黑釉原始瓷的釉层较厚,胎、釉结合较好,釉层略有斑驳现象,少数施釉均匀。然而,在原始瓷烧造技术最为发达的春秋时期和战国初期,却难觅黑釉原始瓷的踪迹。

　　汉代是中国陶瓷史上的重要变革时期。自汉代起,黑釉和褐釉的生产,改变了以青唯美的单一釉色追求,开始形成以色釉为核心的审美倾向。以此为起点,其后发展出褐、红、青、黄、蓝等绚丽多彩的装饰用色,促进了陶瓷装饰的多样化发展。尽管汉代审美风尚仍然以华丽多彩的漆器艺术为主流,但东南地区生产的黑、褐釉瓷器改变了这一切,逐渐形成独特的黑釉系陶瓷。东汉早中期,生产黑、褐釉瓷的窑址主要分布在浙江宁绍平原的上虞、慈溪、鄞县(今鄞州区)等地;东汉晚期至三国时期,拓展到太湖南岸的浙江东苕溪流域,包括德清二都的青山坞、黄角山、长山西坡和江西丰城陈家山等地。三国时期,德清的黄角山已经出现专门烧制黑釉瓷的窑址以及专门生产黑釉瓷的手工作坊。隋、唐时期许多烧制青瓷的窑址都附带生产少量的黑釉瓷。

　　宋代是我国陶瓷发展史上的黄金时代,不仅仅烧制官、哥、汝、定、钧等名瓷。由于原料充足、价格低廉,当时社会盛行饮茶、斗茶之风,黑釉瓷的生产数量在宋代大幅增加,全国三分之一以上的窑场都生产黑釉瓷,尤其以福建建盏最为著名,被指定为皇室的御用茶具。黑釉茶碗的艺术水平达到高峰,生产出兔毫盏、鹧鸪斑盏和毫变盏以及油滴、玳瑁等品种。在宋代烧制黑釉瓷的著名窑场有福建建窑以及建窑附近的光泽窑、茅店窑和福清县(今福清市)的石坑窑。江西吉州窑也烧制许多黑釉瓷品种。江西赣州七里镇窑、景德镇的湘湖窑和湖田窑以及广东的西村窑和石湾窑亦烧黑釉瓷。此外,北方兼烧黑釉瓷的窑场也有很多,如:山西的平定窑、介休窑;河北的磁州窑、定窑和彭城窑;四川的广元窑;河南安阳的观台窑,登封的神前窑,汤阴的鹤壁集古瓷窑,平顶山的宝丰窑,鲁山的段店窑,禹县(今禹州市)的扒村窑,巩县的巩县窑,焦作的修武窑。

第一节　建窑黑釉瓷

一、建窑黑釉瓷的出现和发展

建窑黑釉瓷是我国传统黑釉瓷中的名贵品种之一,与宋代其他名窑(定窑、钧窑、哥窑等)的产品齐名。建窑烧制的黑釉瓷以盏类为主,故有"建盏"之称。根据釉色和斑纹的不同,建盏又有许多品种。在黑釉中呈黑蓝色或浅棕色流纹,犹如兔子毫毛的,称为兔毫;在釉中有许多银灰色小圆点,好似油滴于水面的,称为油滴;在挂有厚釉的黑色建盏内,浮现大小不同的结晶,其周围有日晕状的光彩的叫曜变。此外还有鹧鸪斑等,但以兔毫居多。

建盏不仅闻名于国内,而且流行于国外。讲究饮茶的日本人民,也将建盏视为珍品。南宋嘉定年间,日本山城人藤四郎景正随道元禅师同来中国,曾在福建建窑学习制造黑釉瓷的方法,回日本后便在濑户等地设厂制瓷,开日本瓷器之先河。日本人称作"天目釉"的,源自建窑黑釉瓷。日本镰仓时代来中国浙江天目山佛寺留学的僧人,把建窑所产的黑釉瓷带回日本,称之为"天目",以后逐渐沿用。凡是黑釉瓷均被称为"天目","天目釉"变成了黑釉的代名词,并被世界各国采用。目前尚有不少数量的建窑产品存于日本。日本有三只曜变天目均为建窑制品,东京静嘉堂曜变和大阪藤田曜变在明代早已是日本掌权者的御用之物,以后又为幕府德川家康所秘藏。京都大德寺龙光院的曜变天目在明万历年间已存于日本,1606年以后成为京都大德寺龙光院的镇山之宝。这几只曜变天目已被日本学者公认为建窑绝品。

图 5 - 1　南宋建窑兔毫盏(日本东京国立博物馆藏)

　　关于建窑黑釉瓷的创烧年代,学界一直都有不同的观点——始于宋说、北宋初说、北宋中晚期说,但都认为创烧于宋代,只是在时间上存在分歧。但从考古调查资料看,1989 年 4 月,考古工作者在建阳牛皮仑发现了一处唐代窑址。该窑烧制青釉、黑釉和白釉瓷,以青釉为主,黑釉瓷数量不多。窑址中黑釉瓷的釉色呈酱褐色或漆黑色,器型主要是盏,也有少量的敞口碗。此窑兴盛年代为晚唐至五代时期。而这一考古发现从考古角度证实了晚唐至五代时期建窑生产黑釉瓷的观点,同时也证实了唐代和五代时期建安地区的人民就已经使用黑釉盏饮茶。

　　两宋时期,建窑黑釉瓷发展到巅峰。在宋代有关建窑的文献中,建窑的黑釉瓷主要出现在以茶为主题的诗词和茶论专著中。从中国陶瓷史的角度来看,某一窑场的产品若因形美质优,在社会上得到人们的赞美和喜爱,在文学作品中就会有所反映,而这一时期也正是该窑场兴旺发达之时。例如,范仲淹在《斗茶歌》中云:“北苑将期献天子……紫玉瓯心雪涛起。”蔡襄在《北苑十咏·试茶》:“兔毫紫瓯新,蟹眼青泉煮。”苏轼的《水调歌头·咏茶》:“建溪春色占先魁。……放下兔毫瓯子,滋味舌头回。”由此可见,建窑黑釉瓷的兴盛与当时社会上盛行的饮茶和斗茶之风有关。同时,制作黑釉瓷的原料,无论是胎料还是釉料,其铁含量都很高,而这种原料资源十分丰富,随处可以找到。这也是黑釉瓷在两宋时期蓬勃发展的原因之一。

图 5-2 南宋建窑黑釉兔毫盏(波士顿博物馆藏)

二、建窑黑釉瓷胎、釉的显微结构及性能

建窑黑釉属于铁系结晶釉,其胎、釉的含铁量一般均超过 5%,高者甚至超过 10%,故建窑瓷胎质铁黑,釉色漆黑、光亮,釉面肥厚,施釉不及底,圈足露胎,整体造型厚重、端庄,具有良好的保温性和隔热性。因为 Fe_2O_3 析晶过多,黑釉瓷大多呈现黄色及银色兔毫纹,还会出现油滴、鹧鸪斑甚至曜变天目等少见的纹饰。

图 5-3 南宋建窑斗笠兔毫盏

金兔毫这类茶盏因釉面的拉丝条纹类似野兔黄色、灰褐色的细毛,故称"兔毫"。其中色泽上乘、纹理清晰者又往往被冠之以"金兔毫"的美誉。这种呈黄色或黄褐色的兔毫盏是建阳窑众多黑釉瓷盏中最为流行的器型,器体有大有小,外观也有漏斗形、马蹄形等诸多造型。茶盏内外有细长的条状纹路,色泽以黄褐色为主。在阳光的照射下,兔毫纹往往呈现出银亮的色调,具有金属光泽。

宋代早期,这类黄色兔毫盏多集中出现在建阳及其周边地区的一些窑场。受其影响,后来四川、山西等地也生产黑釉瓷,但器物质地及釉面效果都不如建阳的出色。

图 5-4　南宋建窑银兔毫盏(美国弗瑞尔艺廊藏)

银兔毫的基本特点是黑色的釉面上出现一排排银白色的细密纹线,纹样形状与上面提到的黄兔毫略有不同。银兔毫的纹线形状较长,但没有黄兔毫的纹路流畅。再者,银兔毫纹样色泽比黄兔毫更明亮,也更醒目,釉面的色泽对比也更为强烈。银兔毫是兔毫釉中的一个名贵品种,烧成比较复杂,工艺难度大,所以成品率极低,传世品非常少。无论何种兔毫,其基本形成原理都是釉层里的气泡将铁质带到釉面,在 1300 ℃高温下,含铁质的部分流成条纹,冷却时析出赤铁矿小晶体。

图 5-5　宋代建窑褐兔毫盏(芝加哥博物馆藏)

表5－1列出了建窑乌金釉、金兔毫、银兔毫、斑点釉、柿红釉、黑白釉、绿釉残片(编号分别为 DLB-8，DLB-5，DLB-12，DLB-3，DLB-13，DLB-4，DLB-9)，铜川耀州窑瓷片(编号分别为 YZY-1，YZY-2)以及曲阳定窑黑釉瓷片(编号为 NCC-9)釉层元素的化学组成。

表5－1　建窑、耀州窑、定窑黑釉瓷片釉层元素的化学组成

样品名称	原编号	Na$_2$O	MgO	Al$_2$O$_3$	SiO$_2$	P$_2$O$_5$	K$_2$O	CaO	TiO$_2$	MnO	Fe$_2$O$_3$
乌金釉	DLB-8	0.29	0.65	13.85	71.52	0.33	4.12	4.21	0.49	0.30	4.23
金兔毫	DLB-5	0.68	0.88	17.09	64.99	0.19	2.76	4.59	0.64	0.35	7.83
银兔毫	DLB-12	0.44	1.02	14.78	68.80	0.24	3.65	4.79	0.59	0.39	5.31
斑点釉	DLB-3	0.33	1.51	15.59	64.27	0.36	2.97	6.55	0.53	0.63	7.26
柿红釉	DLB-13	0.72	2.14	16.22	53.36	0.37	3.00	7.20	0.67	0.49	15.82
黑白釉	DLB-4	0.30	1.44	13.63	68.44	0.53	4.62	2.09	0.73	0.67	7.55
绿釉	DLB-9	0.43	0.44	25.36	59.22	0.12	3.91	0.29	1.19	0.05	8.97
耀州窑-1	YZY-1	0.45	2.71	22.97	59.59	0.18	1.69	7.04	0.33	0.10	4.31
耀州窑-2	YZY-2	1.08	1.58	11.96	72.15	0.10	3.08	4.72	0.77	0.08	4.49
定窑黑釉	NCC-9	0.91	2.09	18.83	61.14	0.13	2.68	6.99	0.93	0.07	6.25

建盏胎比较粗糙，所用的原料为当地盛产的含 Fe$_2$O$_3$ 的红色黏土和粗、中、细颗粒的石英砂。石英砂中有时也含有风化程度不高的斜长岩碎颗粒，最大的粗颗粒一般小于 0.5 mm。建窑地区产的红土属于高岭质，Fe$_2$O$_3$ 以极细的亚微米颗粒分散于其中。大多数建盏胎的结构由粗、中颗粒，具有裂纹的石英与大量的席子状莫来石黏土残骸，以及含铁的玻璃相基质组成。由于矿物分布不均匀，有时可以看到微米级的 Fe$_2$O$_3$ 团聚体。

建盏釉的结构一般比较简单，釉中通常析出大量或少量的钙长石微晶束，这些微晶束延绵一定的长度，在各处分布着。有些样品偶尔含有个别的残留石英小颗粒，有些样品在靠近胎的地方有时会析出 Fe$_2$O$_3$ 晶体。烧成工艺是建盏形成高铁析晶黑釉的关键。建盏釉的烧成温度一般在 1250 ℃ 和 1350 ℃ 之间，范围比较大，因而釉的烧成比较容易掌握。而各种毫纹的形成，则与烧成气氛和冷却制度有关。Fe$_2$O$_3$ 的分解约在 1150 ℃ 开始，到 1200 ℃ 以后剧烈进行，一直持续到 1250 ℃ 左右。釉料的始熔温度约为 1200 ℃。随着釉料的熔融，因釉表面封闭，气体排出受阻，在釉层内部会产生气泡。Fe$_2$O$_3$ 分解的加剧促使气泡

长大,小气泡合并成大气泡。在釉熔体黏度与表面张力合适的条件下,气泡上浮并冲破釉面,并在釉表面留下痕迹。在气体排出的过程中,铁分随之一起上升,在泡痕附近形成富铁玻璃相,并与主体液相发生相分离、析晶。

很多专家对黑釉瓷高铁析晶形成的机理进行了研究。建盏兔毫釉的形成大致有两种机理:①钙长石析晶,析晶间产生液相分离,析晶表面析出 Fe_2O_3;②釉内不析晶,只产生液相分离区,其上部釉面产生 Fe_2O_3 晶体薄层。

图 5-6 为建窑金兔毫瓷片样品(DLB-5)上层釉面的 SEM 照片。从图中没有发现分相0.3 μm 以内的第二相结构,可以判定釉面为单一玻璃相(其中暗条纹为研磨釉层时的划痕)。但是釉面底层则因为元素分布不均,可能出现分相结构。

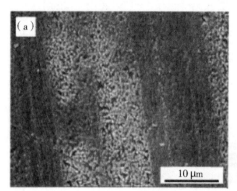 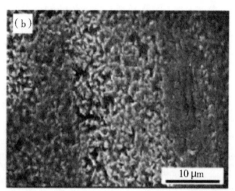

图 5-6　金兔毫上层釉面的 SEM 图片

(a)放大 5000 倍　(b)放大 20000 倍

在偏光显微镜下可以通过矿物的光学性质分清陶瓷内部的晶相与玻璃相,在黑釉瓷中可以分辨出 Fe_2O_3 的析晶体及钙长石的形成,其晶体形态也清晰可见。用切片机将瓷片胎釉结合部分切下一角,先利用 75 μm、35 μm、15 μm 的金刚石磨盘将切割的一面逐级研磨成光滑的平面,用加拿大树胶将该平面与载玻片粘接,在 50 ℃的温度下烘干 2 小时后再将另一面逐级研磨抛光;待瓷片厚度为 30 μm 后,即可将瓷片放于偏光显微镜下进行显微结构观察。图 5-7 为建窑乌金釉瓷片样品(DLB-8)的偏光显微镜照片。从图中可以发现:乌金釉瓷片样品的釉层相对较薄,与胎交错分布,厚度为 360 μm 左右;釉层内部铁离子分布均匀,没有出现较大的浓度梯度;胎釉结合处均匀分布着超过 100 μm 的向釉层内生长的钙长石晶束。

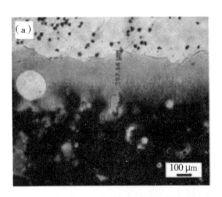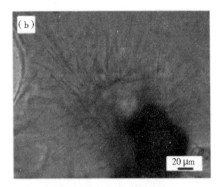

图 5 - 7   乌金釉的偏光显微镜照片：(a) 放大 100 倍；(b) 放大 500 倍

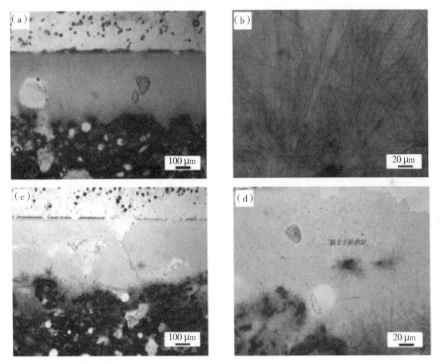

图 5 - 8   兔毫釉的偏光显微镜照片：(a) 金兔毫放大 100 倍，(b) 金兔毫放大 1000 倍；
(c) 银兔毫放大 100 倍，(d) 银兔毫放大 200 倍

图 5 - 8 为建窑金兔毫瓷片样品(DLB-5)和银兔毫瓷片样品(DLB-12)的偏光显微镜照片。金兔毫残片釉层上方呈深棕色，未出现 Fe_2O_3 析晶。铁离子浓度从上至下呈下降趋势。釉层有未熔融的石英颗粒。钙长石晶束自胎向釉内生长。与乌金釉瓷片(DLB-8)相似，钙长石非常茂盛、细密。相对应的银兔毫瓷片(DLB-12)釉层最上方与金兔毫一样呈深棕色。二者釉面结构相似，但银兔毫釉层内存在孤立生长的晶体。

图 5－9 为斑点釉残片(DLB-3)的偏光显微镜照片。胎、釉结合层结构与以上几种相似,1000 倍镜下可见其釉面顶层有两层高铁浓度包含一层低铁浓度的特殊结构。图 5－10 为柿红釉残片(DLB-13)的偏光显微镜照片。从图中可以看出,釉面顶部高低不平,胎、釉结合层中钙长石晶体不明显,其突出部分铁离子浓度过高,析出的赤铁矿结晶呈现发散的晶束状。由 DLB-3、DLB-5、DLB-8、DLB-13 的釉面结构可以推测,在建盏烧成的过程中,胎釉结合处长出了钙长石针状晶束;Fe_2O_3 在钙长石间的熔解度远小于其在釉液中的熔解度,导致晶间釉液富铁;冷却时釉液内的 Fe_2O_3 因过饱和而析晶,生成 Fe_2O_3 或者 Fe_3O_4,从而形成不同的毫纹状结构。

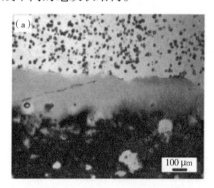
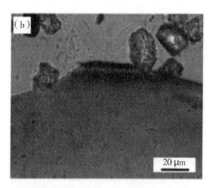

图 5－9　斑点釉的偏光显微镜照片:(a)放大 100 倍;(b)放大 1000 倍

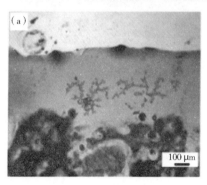
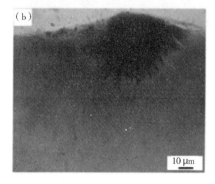

图 5－10　柿红釉的偏光显微镜照片:(a)放大 100 倍;(b)放大 1000 倍

在偏光显微镜下,釉的纵断面上,金、银兔毫的毫纹状 Fe_2O_3 结晶不明显;而在正面则显示为星形(如图 5－11 所示)。在毫纹生成过程中该处釉面铁元素析出过多导致液相贫铁,富铁元素的分相结构消失,即在烧结过程中建窑釉面有分相过程。但随着烧结过程的完结,其分相随之消失。而 Fe_2O_3 的析晶体集中于釉面上层,这也是上层釉面的 SEM 照片未见分相结构的原因之一。

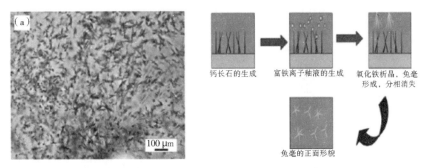

图 5－11　(a)金兔毫釉面的正面形貌(放大 500 倍)　(b)兔毫纹形成机理示意图

图 5－12 为耀州窑黑白釉瓷片(DLB-4)及耀州窑绿釉瓷片(DLB-9)的偏光显微镜照片。黑白釉瓷片结构较为特殊:胎、釉内均分布着大量未熔融的矿物晶体,釉层内部有花瓣状结晶;石英熔蚀较少,熔蚀边粗糙不圆滑;胎釉中间层较为明显,且未出现自胎向釉内生长的晶束,可知其烧成温度偏低。绿釉瓷片胎质相对疏松,自胎向釉内生长的钙长石晶束约为 20 μm,远小于其他样品,可见其烧成温度较低或保温时间较短。尽管其铁含量最高,但釉层内并未出现 Fe_2O_3 的析晶体。在正交偏光下明显存在胎釉中间层,未熔融矿物颗粒也较多。

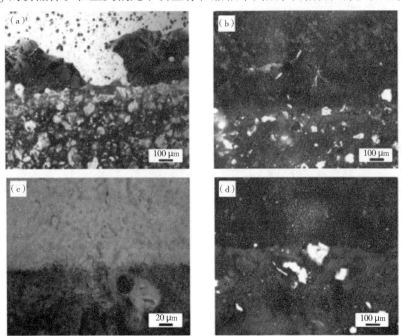

图 5－12　黑白釉与绿釉的偏光显微镜照片
(a)黑白釉放大 100 倍　(b)黑白釉正交偏光放大 100 倍
(c)绿釉单偏光放大 100 倍　(d)绿釉正交偏光放大 100 倍

耀州窑瓷片（YZY-1）胎上 50 μm 的釉层内铁离子浓度较低，但往上其浓度迅速增加且分布均匀（釉层自胎往上，黑色由淡变浓）。正交偏光照片（图 5 – 13）显示，耀州窑黑釉瓷片未出现化妆土或中间层结构，胎釉结合处的钙长石结晶较小。耀州窑瓷片（YZY-2）的铁离子主要集中于胎釉结合处。与建窑瓷器相比，其釉面及胎釉结合处没有 Fe_2O_3 晶体析出。从耀州窑瓷片切面结构照片可以看出，胎、釉间未出现明显的反应层，界限明显。由此可以判断，耀州窑黑釉瓷是坯体先进行素烧，素烧后再上釉，最后经二次烧造而成的。

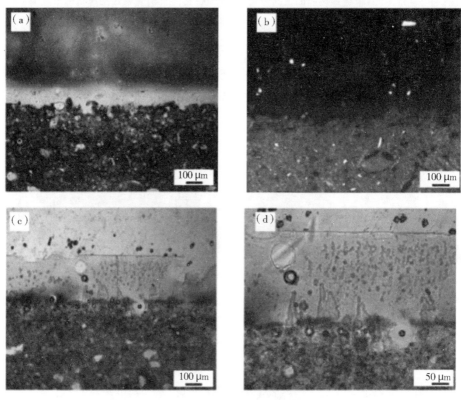

图 5 – 13　耀州窑瓷片的偏光显微镜照片

(a) YZY-1 放大 100 倍　　(b) YZY-1 正交偏光放大 200 倍

(c) YZY-2 放大 100 倍　　(d) YZY-2 放大 200 倍

图 5 – 14 显示曲阳定窑瓷片（NCC-9）的铁离子集中于釉层上、下两端，釉泡较大（超过 100 μm），胎釉结合处有析晶生成。相对于建窑瓷胎釉结合处细如毛发的针状钙长石析晶来说，定窑瓷片析晶的形状则类似于“烟囱”，上层釉面的 Fe_2O_3 有更为密集的针状结晶。

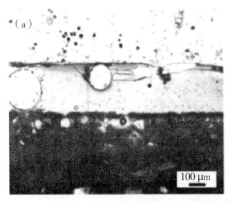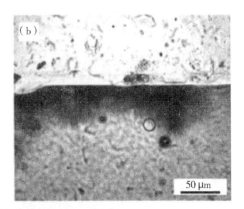

图 5 – 14　曲阳定窑瓷片的偏光显微镜照片

(a) 单偏光放大 100 倍　　(b) 单偏光放大 500 倍

由此可见,建窑黑釉瓷属于析晶釉,但分相效果不明显,从 SEM 照片中未观测到分相结构。原因是釉料成分与 $K_2O\text{-}CaO\text{-}Al_2O_3\text{-}SiO_2$ 三元不混溶区有明显差异,或是烧造后期 Fe_2O_3 析晶后造成釉面局部贫铁,进而导致富铁元素的第二相消失。且不同种类的建窑瓷的胎釉结构差异明显,但胎、釉间普遍存在钙长石析晶。从兔毫纹到斑点釉,再到柿红釉,釉色越来越深,釉层上表面的 Fe_2O_3 析晶也越来越明显。

与耀州窑黑釉瓷相比,建窑兔毫盏釉面的铁离子浓度较高,会出现 Fe_2O_3 析晶,且存在中间层,是一次施釉烧制而成的;而耀州窑黑釉瓷无反应层,胎、釉分界明显,采用先素烧后釉烧的二次烧造工艺。与定窑黑釉瓷相比,建窑黑釉瓷胎釉结合处的钙长石析晶呈针状,而定窑的则呈烟囱状。

第二节　吉州窑黑釉瓷

一、吉州窑黑釉瓷的出现和发展

吉州窑是宋代众多民窑窑口中的一颗珍珠,曾经是江南地区的一座举世闻名的综合性瓷窑,具有浓厚的地方风格与汉民族艺术特色。宋时吉州窑庞大的烧造产区、众多能工巧匠的汇集对江西地区的制瓷业发展起着相当重要的促进作用。

图 5 - 15　吉州窑玳瑁釉罐

吉州窑玳瑁釉罐,宋代瓷器,高 11 cm,口径 12 cm,足径 3.2 cm。罐唇口,短颈,鼓腹,浅圈足。罐外壁施玳瑁釉,罐内及底部素胎无釉。(图片源自故宫博物院官网)

吉州窑兴于晚唐,盛于两宋,衰于元末,因地命名。因当时永和为东昌县治,故吉州窑又名东昌窑、永和窑。吉州窑产品精美且产品线异常丰富,尤以黑釉瓷著称。"木叶天目"和"剪纸贴花天目"都是黑色茶盏上的装饰延伸的,意趣盎然。吉州窑在中国陶瓷历史上具有十分重要的意义,频繁的战事让北方的制瓷工艺流入吉州并依托当地的制瓷原料得到改进。吉州本地的人文气息对吉州窑器物的装饰也产生了深远的影响,使吉州窑的产品成为中国陶瓷史上一个重要的分支和独特的品类。吉州窑的瓷器属于中国早期外销瓷的一个类别,在宋时就已经出口东南亚、日本、韩国等地区,为促进中国和世界各国的贸易往来和文化交流做出了重大贡献。1975 年,在东京博物馆举办日本出土的中国陶瓷展览,吉州窑的兔毫斑、鹧鸪斑和玳瑁斑成为传世珍品,日本珍藏的剪纸贴花盏被誉为国宝。1976 年,在新安海域发现一艘开往朝鲜、日本的中国元代沉船,从沉船中打捞出 2 万多件中国古陶瓷,不少为吉州窑烧制。韩国中央博物馆陈列的 42 件吉州窑瓷器被视为稀世珍品。英国博物馆所藏的吉州窑产凤首白瓷瓶堪称瓷中尤物,木叶天目盏则被列为国宝。

图 5 - 16　吉州窑剪纸贴花梅花纹碗

　　吉州窑剪纸贴花梅花纹碗,宋代瓷器,高 5 cm,口径 15.7 cm,足径 3.2 cm。碗敞口,斜壁,浅圈足。通体施黑釉,内壁以兔毫纹为地,碗心装饰一株剪纸梅花,外壁以玳瑁斑纹为饰。(图片源自故宫博物院官网)

图 5 - 17　吉州窑黑釉剔花梅瓶

　　吉州窑黑釉剔花梅瓶,宋代瓷器,高 19 cm,口径 5 cm,足径 6.8 cm。瓶小口,圆唇,短颈,丰肩,腹部下收,足内凹。通体施黑釉,外壁剔刻折枝梅花,纹饰部分露黄色胎,花蕊用褐彩勾画,装饰效果极强。(图片源自故宫博物院官网)

吉州窑创烧于唐代晚期,经五代、北宋,鼎盛于南宋,至元末终烧。晚唐时期的吉州窑以烧造酱色釉、乳白釉瓷为主。至北宋年间,酱色釉瓷基本停烧,乳白釉瓷持续烧制,黑釉瓷在这个时期似乎开始创新烧制。至南宋时期,黑釉瓷顺应社会审美趋势开始在吉州窑大量烧造。这个时期烧造的黑釉茶器的特点为芒口、敛口、卷唇、深腹。具体的器物造型为碗、盘、碟、罐、瓶、注壶、鼎、杯和器盖等。芒口,底足矮、内凹为吉州窑黑釉碗、盏最常见的形制特点,且大多施满釉。元代的吉州窑黑釉瓷有碗、碟、杯、高足杯、罐、黑釉彩绘折唇盆、扁腹壶、鼎、器盖、镂空炉和褐釉柳斗纹罐等造型。这个时期的碗、盏、杯多芒口,腹斜削,制作工艺较粗糙。吉州窑黑釉瓷经历了北宋、南宋和元代三个时期,延续时间较长,形制也略有变化。

吉州窑黑釉瓷以易获取的含铁量较高的天然紫金土为材料,并配合当地的一种名为“土子”的矿物一起使用,该矿物含高比例的 MnO、CoO 等碱性氧化物。吉州窑黑釉瓷釉料成分中,FeO 含量较高,经高温氧化后成了 Fe_2O_3,因而色泽较黑。

宋徽宗说过:“盏色以青黑为贵,兔毫为上。”吉州窑黑釉瓷的装饰大体有剪纸贴花、釉下彩绘、洒釉、釉面剔花、刻花、划花、木叶天目等。其中最负盛名的是木叶天目盏与剪纸贴花天目工艺,这两种风格独特的装饰工艺是吉州窑独有的。剪纸贴花天目多将剪纸装饰在碗、盏内壁,采用同一种样式的剪纸小品,如梅花、奔鹿等素材,均匀排列在碗、盏内壁,使得画面与器物形制协调。木叶天目盏的装饰是将采集的桑叶直接放在挂满黑釉的器物中,在高温状态下,桑叶变为灰烬落在器物釉面上并发生化学反应,桑叶的脉络形态就永远被固化在碗、盏中。吉州窑是一座民间的综合性窑口,善于向耀州窑、建窑等窑口借鉴与学习。“油滴”“兔毫”“洒釉”等窑变色斑更是吉州窑对其他窑口制作工艺的仿制。当时的人们以黑釉为底釉,叠加二道面釉,让这些异彩缤纷的釉面装饰呈现出来,这是对大自然中呈现的美好事物的仿制与重现。

二、吉州黑釉瓷胎、釉的显微结构及性能

关于吉州窑的制瓷原料与配方,学术界存在着争论。有学者对江西省博物馆提供的考古发掘的黑色釉料和吉州窑附近的几种瓷石进行了研究,推测釉用原料包括本地瓷石、铁矿石和植物灰。也有学者对桐木岭作坊遗址出土的泥料、吉州本地的多种瓷石原料和植物灰进行分析,推测吉州窑制胎采用本地瓷

石——一元配方,其中南山土和青原山土作为胎用原料的可能性最大。黑色釉料由本地瓷石、着色氧化物和釉灰组成。釉灰为 $CaCO_3$ 与多种植物灰煅烧的产物。蚌壳、塘泥和窑汗可能是 $CaCO_3$ 的来源,稻草灰和松枝灰作为植物灰引入的可能性最大。

表 5 - 2　吉州窑样品特征

序号	外观特征	来源
Ji-1	瓷碗残片,胎厚,浅黄色,多气孔。内有兔毫纹,釉厚 0.4 mm。外壁施黑釉,釉厚 0.2 mm	北大考古系
Ji-2	瓷碗残片,胎厚,灰白色,质坚。内有虎皮斑,釉厚 0.5 mm。外壁施黑釉,釉厚 0.3 mm	北大考古系
Ji-3	瓷碗残片,胎厚,灰白色,质坚,白釉黑彩。釉层很薄,厚 0.03 mm	北大考古系
Ji-4	瓷碗残片,胎厚,灰色,多气孔。内有兔毫纹,釉厚 0.4 mm。外壁施黑釉,釉厚 0.05 mm	北大考古系
Ji-5	琉璃器,胎为泥黄色,厚 12 mm。质疏松,剔花,施绿釉,釉厚 0.2 mm	北大考古系
Ji-6	玳瑁釉瓷碗残片,胎厚,泥黄色。内釉(玳瑁斑)厚 0.2 mm ~ 0.3 mm,外壁厚 0.2 mm	吉安永和后背岭
Ji-7	素黑釉瓷碗残片,胎厚,灰白色,质坚。内釉厚 0.2 mm,外釉厚 0.3 mm	吉安永和蒋家岭

表 5 - 3 列出了七种不同的吉州窑样品胎体的吸水率、显气孔率和体积密度。从表中可以看出,吉州窑的胎体致密程度不一。如:Ji-7 的吸水率和显气孔率均很低,说明烧成温度高;而 Ji-4 的吸水率和显气孔率较高,其瓷化程度要差一些;Ji-5 为琉璃器,根本未达到烧结温度。吉州窑黑釉瓷与建窑黑釉瓷的胎体中,Fe_2O_3 含量差别较大:建窑的比吉州窑的大 6 倍多。历代黑釉瓷胎中的含铁量以建窑为最大,相较之下,吉州窑黑釉产品的铁含量算是比较低的,这就是两窑黑釉瓷产品胎色有差别的主要原因。此外,K_2O 含量的高低也会对瓷胎产生影响,K_2O 含量过高对胎体的热稳定性不利,并会降低烧成温度。因此,受温度的影响,吉州窑瓷胎的吸水率大大高于建窑瓷胎。与建窑黑釉盏胎体呈紫黑色、深黑灰色不同,吉州窑黑釉产品的胎体大部分呈黄褐色。

表 5 - 3　吉州窑样品胎体的物理性质

性质	Ji-1	Ji-2	Ji-3	Ji-4	Ji-5	Ji-6	Ji-7
吸水率(%)	2.37	1.10	0.62	4.15	9.47	1.77	0.10
显气孔率(%)	5.26	2.51	0.56	10.20	19.9	3.78	0.22
体积密度(g/cm^3)	2.22	2.29	2.51	2.29	2.10	2.14	2.30
白度	20.10	25.20	28.00	11.10	31.30	34.00	11.80

从表 5 - 3 中可以看出,胎体的白度主要由含铁量、烧成温度决定,一般铁含量越高,白度越低,还原气氛颜色较深(灰、黑),白度较低。如表中 Ji-6 的还原比值 $FeO/Fe_2O_3 = 1.25/3.58 = 0.35$,Ji-7 的还原比值为 2.48:Ji-7 的还原比值比 Ji-6 大,其白度也更低。另外,TiO_2 含量对瓷胎的颜色也有较大的影响:在还原焰下,TiO_2 含量高,胎色深。

表 5 - 4　Ji-6 与 Ji-7 的瓷胎的化学组成

序号	SiO_2	Al_2O_3	Fe_2O_3	MgO	CaO	Na_2O	K_2O	TiO_2	P_2O_5	MnO	烧失	Cr	Ba
Ji-6	64.28	22.75	3.58	0.44	0.1	1.38	4.38	0.97	0.23	0.13	1.34	119	691
Ji-7	59.19	27.92	0.94	0.4	0.1	0,38	6.6	1.05	0.24	0.25	0.54	118	1125

表 5 - 4 所示为吉州窑样品 Ji-6 和 Ji-7 的瓷胎的化学组成。将吉州黑釉瓷和其他黑釉瓷胎的化学组成进行比较,发现吉州窑黑釉瓷胎中的 K_2O 含量明显高于其他黑釉瓷,说明吉州窑黑釉瓷所用原料富含 K_2O,而这实际上是由当地瓷土的矿物组成决定的。

另外,对吉州窑样品胎体的 X 射线衍射分析表明,其胎体中还有莫来石、石英和 α-Fe_2O_3 晶体,而没有发现含有 K_2O 的晶相。这说明胎中 K_2O 作为助熔剂存在于玻璃相中。通过扫描电镜观察标本断面,可以看到吉州窑样品瓷胎较均匀,而琉璃器的胎质不匀。将样品断面抛光,用 HF 腐蚀,在反光显微镜下观察,发现瓷胎中有斑状石英,其尺寸为 0.1 mm ~ 0.2 mm,而在琉璃器的胎中基本看不见玻璃相。

在釉色方面,吉州窑黑釉产品的釉色不同于建窑的漆黑色,绝大多数为黑中带褐。将吉州窑样品釉层表面的玻璃质(光滑、亮洁的表面)磨掉,然后在扫描电镜下观察,可以看到釉的表面有许多气泡,正是这些气泡作为核心使得铁聚集,当达到一定的烧成温度时,则形成油滴、兔毫、玳瑁斑纹。电子探针的结果表明,油滴、兔毫、玳瑁斑纹的铁元素含量大约是油滴间铁元素含量的 10 倍。

用反光显微镜观察釉层的断面结构会发现存在分层现象,靠近胎的地方形成胎釉中间层,其中含有大量的晶相,釉层表面为玻璃态。对釉层进行 XRD 分析,发现晶相物质主要是钙长石、石英、少量莫来石。吉州窑黑釉瓷釉中的 K_2O 含量为 4.3% ~ 5.4% , CaO 含量为 6.8% ~ 9.1% ,显然是石灰碱釉。另外釉中的 MgO 和 MnO 含量都较高,这与吉州窑瓷釉采用竹灰有关。

第三节　南、北方诸窑的黑釉瓷

一、德清窑黑釉瓷

黑釉瓷以越窑生产的为最早,所以以往认为浙江德清窑是首先创烧黑釉瓷的窑址。但是自发现上虞区帐子山、宁波市郭唐岙、鄞州区东钱湖谷童岙等东汉青瓷和黑釉瓷合烧的窑址后,这种论点已经得到修正。德清窑为东晋至南朝初期的窑址,最初发现于浙江省德清县城,故称德清窑。1956 年以后,在德清、余杭县(今余杭区)境内发现多处窑址,分布范围较广,有焦山、陈山、戴家山等处;1983 年又发现了小马山窑址。

图 5 - 18　德清窑黑釉唾壶

德清窑黑釉唾壶,东晋瓷器,高 9.9 cm,口径 8.9 cm,底径 9.4 cm。唾壶盘口,束颈,扁圆腹,平底略上凹。外壁施黑釉,釉不及底。釉层在高温熔融状态下产生

垂流,致使器物下部积釉处釉层较厚。釉面滋润,有开片纹。(图片源自故宫博物院官网)

德清窑的烧造历史并不是很长,大体起讫于东晋至南朝前期的二百余年间。对窑址的调查表明,德清窑同时合烧青釉、黑釉两种瓷器。德清窑生产的青瓷胎呈灰色,胎面普遍施化妆土,釉面光滑,呈淡青、青绿等色。器型有碗、盘、罐、盘口壶、鸡头壶等。饰有弦纹,在口、肩等部位加褐斑,称"点彩"或"铁锈斑"。黑釉瓷的胎壁较薄,呈砖红色或浅褐色。

图 5-19　德清窑黑釉鸡头壶

德清窑黑釉鸡头壶,东晋瓷器,高 18 cm,口径 7.9 cm,底径 10 cm。壶盘口,短颈,溜肩,鼓腹。肩部一侧饰鸡头形流。流内有孔与壶身相通。流嘴呈筒状。鸡冠高耸。双目圆睁。与鸡首相对的一侧饰一弯形圆柄,上、下分别与口沿、肩部相接,便于握持。肩部另外两侧各饰一桥形系,可穿绳提携。壶施黑釉,釉层厚,釉面滋润、透澈。釉黑如漆,匀净无瑕。外壁施釉不到底,近足处露出褐色的胎体。底部无釉,有五个较大的支钉烧痕。(图片源自故宫博物院官网)

对德清窑的青瓷和黑釉瓷胎、釉的化学组成进行分析。除编号为 DH4 的样品外,其余样品均取自小马山。其化学分析数据列于表 5-5 中。

表5-5 德清窑青瓷(DQ)和黑釉瓷(DH)釉的化学组成(%)

编号	K_2O	Na_2O	CaO	MgO	MnO	Al_2O_3	Fe_2O_3	SiO_2	TiO_2	P_2O_5
DQ1	1.41	0.50	18.83	1.35	0.32	12.65	1.96	60.42	0.82	0.90
DQ2	1.80	0.57	17.50	1.26	0.04	13.57	1.99	61.67	0.69	0.64
DQ3	1.73	0.63	17.86	1.28	0.10	13.48	1.90	61.08	0.76	0.66
DQ4	1.26	0.44	19.84	1.23	0.05	12.75	1.95	61.39	0.68	0.58
DQ5	1.42	0.56	19.94	1.39	0.26	12.93	2.07	58.25	1.90	0.74
DH1	1.35	0.56	19.66	1.60	0.30	12.07	7.56	55.24	0.85	0.80
DH2	2.00	0.64	18.35	1.33	0.30	12.06	6.60	56.24	0.90	0.56
DH3	1.93	0.64	18.55	1.37	0.29	12.01	6.60	56.92	1.21	0.57
DH4	1.80	0.72	22.99	1.63	0.19	11.25	4.62	52.10	0.93	—

从表中可知,德清窑样品瓷釉属于高 CaO 釉,黑釉中的 CaO 比青釉稍高。青釉的 Fe_2O_3 含量一般接近2%,黑釉的则接近8%,与其他窑口的黑釉水平相当。从结构看,二者皆为玻璃釉,釉泡甚少,亦无多少残留的石英颗粒,但有个别钙长石晶丛析出。

德清窑黑釉瓷与青瓷胎中的 Fe_2O_3 含量相近,在2.25%和3.54%之间波动。SiO_2 的含量颇高,属于硅质。从显微结构看,胎中含长石残骸,莫来石针晶发育良好,已足够瓷化。其胎质应属黏土—石英—长石系统。测定了釉的受热行为,黑釉的变形点在930 ℃和950 ℃之间;青釉稍高,为950 ℃~980 ℃。这表明烧成时釉中已明显出现液相。半球点:前者为1113 ℃~1139 ℃;后者为1123 ℃~1158 ℃,此时釉已基本成熟。德清黑釉有流淌现象,说明其烧成温度已靠近流动点,一般在1250 ℃左右。

二、寿州窑黑釉瓷

安徽省寿州窑也烧过一些黑釉瓷。唐代时寿州窑已能够烧造出比较精美的稀有的黑釉器。这件黑釉开光施黄釉的瓷枕(图5-20)就极其罕见。黑褐釉釉质晶莹、肥厚,釉面滋润,有细碎开片,开片处为玻璃质。在瓷枕底部,釉水垂流,如堆脂一般。在瓷枕枕面的椭圆形开光处,体现了寿州窑黄釉的特点和风格。釉色呈鳝鱼黄,釉层薄而匀。在黄釉与黑釉相接处,黑釉厚,黄釉薄。由于釉下施有一层细腻的化妆土,釉面光润,开片细小,釉层透明,胎釉结合紧密。黑釉并不是纯正的黑釉,呈黄褐色,特别是在四边易磨损的部分表现突出,在四面则显得较黑。通过细致的观察发现,瓷枕在施黄褐釉前,又加上了一层黑褐色胎衣,增强黑釉部分的效果。这在瓷器史上是第一次。从图片中可以看出黑褐色的胎衣与厚而润的玻璃质釉的区别。黑褐色刷在无釉的胎衣之上。唐以前几乎都是单一色釉。有色釉的有长沙窑釉下彩、鲁山窑的黑花釉,这是唐代寿州窑工匠在继承两晋时期的青釉褐斑装饰技艺的基础上进行发挥和创新而烧造出来的,在瓷器史上具有重要的地位。唐以前的黑釉和青釉是用还原焰烧造的,而黄釉是用窑炉的氧化焰烧造的。两种色釉用同一烧造气氛来表现是比较难以控制的,而且黄釉与黑褐釉相接的边缘清晰、规整。

寿州窑的黑釉瓷漆黑、光亮,有的甚至还带有乌金釉的效果。但社会影响不大,原因之一是受唐代饮茶文化的影响。茶圣陆羽曾说"越州瓷、岳瓷皆青,青则益茶",将越窑青瓷的地位提到了最高;而白瓷又受到了当时文人的称颂,所以陆羽只言"邢州瓷白,茶色红;寿州瓷黄,茶色紫;洪州瓷褐,茶色黑:悉不宜茶",而未记载黑釉瓷。黑釉与黄釉同属于铁釉系统,以 Fe_2O_3 为着色剂,用氧化焰烧成。唐代能烧出纯正黑釉的窑口十分少见。到宋代以后,烧纯正黑釉的窑口才开始普遍起来,这反映出寿州窑工匠的高度智慧和杰出才能。从唐墓出土瓷器的情况来看,黑瓷的种类、数量和艺术性不比青瓷和白瓷差。特别是一些中小型唐墓,出土不少黑瓷。大多是日常生活用具,可见黑瓷与社会各阶层联系密切。黑瓷从制作工艺来说对原料的要求没有青瓷、白瓷和彩釉瓷那么严格。黑釉对胎体表面的掩盖性很强,因而为瓷器用具以价廉物美的方式在社会普及创造了条件。从黑瓷用具的造型和器物组合方面,可以分析出唐代社会的生活习俗状况。

图 5-20 寿州窑黑釉瓷枕

寿州窑黑釉瓷枕,唐代瓷器,长 13.6 cm,宽 11.1 cm,高 7.6 cm。枕腰为圆形,枕面大于底部。枕面略凹,双侧微翘,四壁向下斜收,底略凸,有圆形气孔。

三、耀州窑黑釉瓷

耀州窑黑釉瓷,名不见经传,过去鲜为人知。20 世纪 80 年代后的考古发掘表明,耀州窑黑釉瓷也有丰富的内涵,其品种、工艺不仅具有北方黑瓷的特点,又出现了南方黑瓷中的名贵品种。耀州窑黑釉瓷,是生产历史最悠久、生产规模仅次于青瓷的一个品种。唐代曾以生产黑釉瓷为主,品种有碗、盘、瓶、壶、盆、罐、盒、灯、枕等数十种,每种又有多款造型。这类器物的造型以乡村民用为特色,比青瓷更普遍、更广泛、更贴近民众生活。五代至金、元时期,黑瓷生产数量虽少,质地却很精细。至金、元时期,黑釉瓷又大量生产。黄堡窑场停烧后,沿用其生产方式的陈炉窑场,仍继续大量烧造黑釉瓷至今。历代出土的黑釉瓷以碗、盏为首,其次为瓶,也有瓷塑、盒和执壶等产品。

在唐代,耀州黑釉瓷的胎多呈深灰色,少数呈灰色、黄色;宋时白中泛黄,胎质细腻、致密;金、元时淘洗较细,胎骨黄白中带棕红,致密度不如宋代产品。唐代时,釉色纯黑的黑釉不多,大多数呈黑褐、黑棕、黑绿、黑灰,有些釉面黑中映出褐、绿色星点。到了宋、元时期,黑釉瓷乌黑发亮,釉色纯正、均匀,口沿部因釉垂流变薄而呈棕褐色。

唐代耀州黑釉瓷亦有黑胎和灰胎之分,外部施以乌黑、光亮的黑釉,施釉不到底。常见器物有带把短颈侈口水壶,亦有只施内釉的小碗,还有猴、马等小玩具以及陶笛、哨子等小件。这些器物多为灰色炻胎,还有在炻器素胎上以黑釉描画或点缀花纹的,如敛口圆钵和小盒等。黑釉一般色泽纯正,稀疏地分布着棕眼,曾发现有铁锈状毫纹的残片。此外还有酱色釉器,如壶罐等;还有一些通体施茶叶末釉的水注和器皿。遗址中也发现有黑底白花的瓷制羯鼓,与河南鲁山花瓷无异。器外施黑釉,涂白色斑块或弦纹;器内施酱色釉。此外还发现耀州窑采用了黑釉剔花填白的工艺:器物上以剔花手法将黑釉剔成菊花纹并填入含高岭石和石英的白色化妆土,工艺技术和艺术水平都很高。

四、定窑黑釉瓷

定窑是宋代名窑之一,窑址在河北曲阳县涧磁村及东、西燕川村。定窑以白瓷闻名,还兼烧黑釉、酱釉和绿釉瓷。《格古要论》中记载:"有紫定,色紫。有黑定,色黑如漆。土俱白,其价高如白定。"定窑黑釉瓷胎与白定瓷胎相同。质粗、色黄,则价低。驰名海内外的定窑黑釉瓷是《宣和奉使高丽图经》中所记的金花乌盏或金花定器,现藏日本箱根美术馆的一只金彩黑定碗直径 19.0 cm,圈足,斜直壁,胎为灰白色,口沿釉薄处一圈呈棕黄色。金彩的装饰从花形看属于剪纸一类,即用金箔剪成花纹,然后以某种技法贴上。在提到金花黑定时不得不提东坡诗中的"定州花瓷"、蒋祈所说的"真定红瓷"、王拱宸送给宋仁宗的张贵妃的"定州红瓷"(见宋邵伯温《邵氏闻见录》)。从科学技术的角度看,宋定窑出的这类红瓷实际上是黑釉瓷的变种。若釉料含铁量更高,并且含有足量的磷,在明显的氧化焰中烧成,就有可能制得红色的瓷器。日本人称宋定窑生产的这类瓷器为柿釉器。与上述金彩黑定盏器型相似的定窑金彩红瓷有两件,直径分别为 12.8 cm 和 13.0 cm。可以看出,这两件定窑金彩红瓷用的仍然是剪金箔贴花的技法。前者内口沿应有一块鎏银的装饰,现大部分已脱落,留下的痕迹已变黑。这两件北宋定州金彩红瓷的金彩大部分未脱落,特别是金彩的边缘非常清晰,线条鲜明,金光依然闪亮。古时戗金之法可用大蒜汁将金箔粘到釉上再以低温烧烤,以使之牢牢固定于器内。宋人周密在《志雅堂杂抄》中说:"金花定碗用大蒜汁调金描画,然后再入窑烧,永不复脱。"但上述两件定器似乎不是用此法。再者,入窑再烧必须在低于金的熔融温度(即 1063 ℃)下进行,否则金花熔融后聚成水滴状,金彩就完全被破坏了。因此采用这种描金工艺的瓷器,存世量极少。

参 考 文 献

1. 中国科学院上海硅酸盐研究所.中国古陶瓷研究[M].北京:科学出版社,1987.

2. 叶文程.建窑初探[A].//文物编辑委员会.中国古代窑址调查发掘报告集[M].北京:文物出版社,1984.

3. 李家治.中国科学技术史:陶瓷卷[M].北京:科学出版社,1998.

4. 陈显求,陈士萍.建盏珍品的研究[J].景德镇陶瓷学院学报,1991,12(4):25-32.

5. 何国维.吉州窑遗址概况[J].文物参考资料,1953(9):1-3.

6. 李家治,陈显求,黄瑞福,等.中国古代陶瓷科学技术成就[M].上海:上海科学技术出版社,1985.

7. 陈显求,黄瑞福,陈士萍,等.宋代天目名釉中液相分离现象的发现[J].景德镇陶瓷,1981(1):4-12.

8. 蒋玄佁.吉州窑:剪纸纹样贴印的瓷器[M].北京:文物出版社,1958.

9. 薛翘,刘劲峰. 赣南黑釉瓷:兼谈宋元黑釉瓷中的几种茶具[J]. 南方文物,1983(3):69 - 74.

10. 陈士萍,刘菱芬,陈显求. 小马山德清窑残片的结构研究[J]. 河北陶瓷,1986(1):12 - 17.

11. 四川省文物考古研究所,广元市文物保护管理所. 广元市瓷窑铺窑址发掘简报[J]. 四川文物,2003(3):3 - 21.

12. 禚振西. 耀州窑遗址陶瓷的新发现[J]. 考古与文物,1987(1):21 - 41.

第六章　钧釉瓷的釉层分析及工艺

钧窑创烧于唐末至北宋初,盛于北宋中晚期,元代以后开始衰落。钧窑窑址分布广泛,迄今已发现 147 处,包括河南、河北、山西、内蒙古等多个地区。其中,尤以河南禹县(今禹州)发现的钧窑窑址最具代表性。钧窑得以在宋代众多瓷窑中脱颖而出,多仰赖其色彩缤纷、变化绮丽的窑变花釉。钧窑是烧制花釉瓷最负盛名的古代窑厂,对于研究花釉具有重要意义。

花釉的出现使得原本只有青釉、黑釉、白釉等单色釉的局面被打破,开创了陶瓷釉色多样化的时代。它最初的出现完全是偶然的,人们按一定的配方制成某些釉料,将釉料施于器物上入窑焙烧后,产生了出乎意料的颜色和形态:有的像夕阳晚霞,有的像秋花春云,有的像波涛翻滚,有的像万马奔腾……人们无法解释产生这种现象的原理,就称之为"窑变"。用花釉装饰的陶瓷器物,釉层凝厚,釉中呈现出互相交错的青、红、紫、褐黄、青白、青蓝等多种颜色,并有针状、放射状的光点、块斑或结晶,加之釉面有玻璃质感,所以釉色瑰丽,光彩夺目,灿烂异常。

花釉的底釉是以 Fe_2O_3 为着色剂的普通釉,面釉则是乳浊釉。乳浊釉是利用草木灰或窑汗中的 P_2O_5 作乳浊剂。底釉一般采用浸釉或浇釉法施釉;面釉采用喷、浸、涂、点等方法施釉。在高温熔融状态下,底釉中的气体聚集后向外排放,会对底釉、面釉产生局部的搅拌作用,使二者相互渗透、交融。另外,面釉的流动性大于底釉,其向下流动后产生复杂多变的自然流纹,使黑色、棕色、天蓝色、月白色交织在一起,斑斓绚丽,耐人寻味。

钧釉的呈色虽然很丰富,但形成特殊美感的基本外观特征却只有两个,那就是釉的乳光状态和窑变现象。所谓"乳光状态"是指钧釉那种像青玛瑙或蛋白石一般美丽的天青色半乳浊状态。这是所有钧窑系釉都具备的特征。所谓"窑变现象"是指钧釉的乳浊程度和色彩发生复杂的交错变化,从而使钧釉变得绚丽多彩。用现代科学技术手段对钧釉进行测试分析,发现钧瓷的烧成温度介于 1250 ℃ 和 1270 ℃ 之间,采用还原气氛烧成。钧釉不同于纯粹由玻璃相组成的透明青釉,它是一种液液分相釉。其特有的乳光蓝色,是釉层中粒度为 100 nm 左右的分相液滴对可见光中的短波光的散射作用所引起的视觉效应。窑变现象是分相结构在宏观上的不均匀性所产生的视觉效果,这种不均匀结构是靠近胎面的釉熔解一些坯体后形成的一层非分相釉与它上面的分相乳光层进行不均匀混合所造成的。而这种不均匀混合则是坯釉界面上和底层釉中产生的气泡聚集、增大,向表面浮动时把下层釉带入上层造成的。

釉中含有较低含量的 Al_2O_3 和一定数量的 P_2O_5 是引起钧釉分相的内因,P_2O_5 与 Al_2O_3 之比与 SiO_2 与 Al_2O_3 之比是控制钧釉分相结构的两个最敏感的因素,也是控制乳光效果和窑变效果的两个关键因素。较低的 SiO_2 与 Al_2O_3 的分子比率有利于产生单色乳光釉,较高的 SiO_2 与 Al_2O_3 的分子比率有利于形成窑变釉。CuO 的加入丰富了窑变釉的色彩,钧窑铜红窑变釉的生产工艺可能有两种:一种是先在胎上施一层不含铜的天青色釉,然后再挂一层含铜的紫红釉,利用烧成过程中釉层内气泡聚集、上升时产生的搅动作用,使两层釉交叉混合,产生窑变现象;另一种是胎上只施一层含铜的窑变花釉。根据山东省硅酸盐研究设计院的测试结果,钧釉在化学组成方面与龙泉青釉有显著的不同。钧釉中含有 0.5% ~1% 的 P_2O_5,而龙泉青釉中的 P_2O_5 含量仅为 0.1% 左右。钧釉中的 Al_2O_3 含量较低,SiO_2 含量较高,SiO_2 与 Al_2O_3 的分子比率一般在 11 和 11.5 之间,有的甚至高达 12.5。而龙泉青釉的 SiO_2 与 Al_2O_3 的分子比率则在 6.5 和 8.5 之间波动。此外,钧釉的铁含量和钛含量也比龙泉青釉高得多。

第一节 唐钧——鲁山花瓷

钧窑之名虽始于宋,但宋钧的诞生却与唐代的花釉瓷有着密不可分的关系。鲁山花瓷是唐代花釉瓷的代表,唐人南卓就曾在《羯鼓录》中说:"不是青州石末,即是鲁山花瓷。"唐代鲁山花瓷又被称为"唐钧""黑唐钧""黑钧"。最早提出"唐钧"的是清人陈浏,他在所著的《陶雅》一书中称唐代花釉瓷为"唐钧"。后来民间称之为"黑唐钧",国外学者称之为"黑钧"。同时,基于现有的考古资料与实证分析,古陶瓷史学界认为唐代花釉瓷是宋钧瓷的前身,所以也认同把唐代花釉瓷称为"唐钧"这一说法。因此,想要追溯宋钧窑变花釉瓷的起源,我们就不可避免地要提到唐代花釉瓷。

根据考古发掘资料,唐代花釉瓷在河南、山西、陕西三省均有窑址标本发现,以河南为多。生产花釉瓷的河南窑口有鲁山段店窑、郏县黄道窑、禹县苌庄窑、禹县下白峪窑、登封朱垌窑、内乡大窑店窑、巩县围园窑等。其中,鲁山段店窑规模最大,产品最为丰富。

图6-1　鲁山窑花瓷腰鼓

鲁山窑花瓷腰鼓,长58.9 cm,鼓面直径22.2 cm。腰鼓广口,纤腰。鼓身凸起弦纹七道。通体以花釉为饰,在漆黑、匀净的釉面上显现出片片蓝白色斑块,宛如黑色闪缎上的彩饰,优美典雅。

腰鼓是由西域传入中原的一种木腔乐器,历经两晋、南朝、北朝、隋、唐,后被纳入唐乐。陶瓷工匠们还烧制成陶瓷腰鼓,别具特色。20世纪70年代,故宫博物院与河南省博物馆的文物工作者根据唐人南卓所撰写的《羯鼓录》中有关"不是青州石末,即是鲁山花瓷"的记载,赴河南鲁山调查窑址,发现了黑釉花瓷腰鼓残片。其特征与传世腰鼓完全一致,从而证实了这件黑釉花瓷腰鼓确系河南鲁山窑制品。(图片源自故宫博物院官网)

唐钧造型古朴、丰满庄重,产品主要以日常生活用器为主。唐钧釉色多黑中泛蓝、蓝中泛白、蓝白相间。其间,花釉流动、变幻,自然美观,变化莫测,极富大唐盛世风韵,时代特征鲜明而独特。唐钧瓷釉的特征是黑釉和白釉相结合,在窑内烧成过程中,由于高温发生物理、化学反应;釉料局部成分转移,而变成乳光釉;因此从技术角度看,烧制唐钧的工匠们已经掌握了重复出现的蓝色乳光釉的烧制方法。但是,最初的花釉工艺还是一种人为的、刻意的斑彩装饰。

直至唐晚期,花釉瓷才出现真正意义上的窑变。这时的花釉瓷装饰工艺由可人为控制的、可预见的、排列也较为规则的块斑装饰发展为不可预见的、排列毫不规则的窑变斑纹。唐钩形态各异,变化万千,为宋代钩窑瓷开了先河。唐钩特指唐晚期这一阶段的花釉瓷,唐钩的出现正式打破了唐代以前陶瓷生产制作中"南青北白"的单调格局,使陶瓷制作逐渐向多彩化装饰方向发展。

图 6 - 2 鲁山窑黑釉蓝斑壶

鲁山窑黑釉蓝斑壶,高 15.6 cm,口径 7.5 cm,底径 8.6 cm。壶撇口,短颈,椭圆形腹,平底。肩部一面为流,相对一面为双带形曲柄,另两面各有一系。通体施黑釉,壶内满釉,外部施釉不及底。口、肩等部位施灰蓝色斑纹为饰。(图片源自故宫博物院官网)

有学者对禹县下白峪唐代窑址出土的腰鼓和旋足碗等典型唐钩残片进行了详细的研究。经化学分析,其胎、釉的化学组成如表 6 - 1 和表 6 - 2 所示。

表 6 – 1　唐代花釉瓷釉的化学组成

编号	K_2O	Na_2O	CaO	MgO	MnO	CuO	Al_2O_3	Fe_2O_3	SiO_2	TiO_2	P_2O_5	
TJ1	4.24	0.27	11.44	1.03	0.12	0.01	11.30	2.21	67.37	0.42	1.85	（%）
	0.1603	0.0157	0.7265	0.0910	0.0061	0.0004	0.3949	0.0493	3.9946	0.0186	0.0464	G.F.
	$RO_2/R_2O_3 = 9.0347$											
TJ2	2.49	0.66	9.23	1.87	0.14	0.01	12.41	3.89	67.15	0.76	1.96	（%）
	0.1057	0.0426	0.6580	0.1853	0.0080	0.0004	0.4867	0.0973	4.4682	0.0382	0.0551	G.F.
	$RO_2/R_2O_3 = 7.7164$											
TJ4	2.66	0.58	5.71	1.80	0.10	0.01	14.07	4.82	68.57	0.95	1.01	（%）
	0.1520	0.0508	0.5489	0.2401	0.0076	0.0005	0.7442	0.1628	6.1574	0.644	0.0384	G.F.
	$RO_2/R_2O_3 = 7.4987$											
TJ5	2.49	0.75	5.42	1.73	0.09	0.02	13.58	5.06	70.10	0.67	0.01	（%）
	0.1470	0.0674	0.5379	0.2389	0.0072	0.0017	0.7422	0.1765	6.5045	0.0468	0.0006	G.F.
	$RO_2/R_2O_3 = 7.1311$											

表 6 – 2　唐代花釉瓷胎的化学组成

编号	K_2O	Na_2O	CaO	MgO	MnO	Al_2O_3	Fe_2O_3	SiO_2	TiO_2	
TJ1	2.18	0.14	0.80	0.60	0.03	24.25	3.05	67.55	0.94	（%）
	0.0902	0.0089	0.0554	0.0577	0.0015	0.9256	0.0744	4.3761	0.0453	B.F.
TJ2	1.67	0.20	1.19	0.37	0.04	28.99	3.44	62.67	1.05	（%）
	0.0580	0.0104	0.0690	0.0300	0.0020	0.9297	0.0703	3.4109	0.0427	B.F.
TJ3	2.28	0.25	0.80	0.60	0.03	23.74	3.51	67.46	1.17	（%）
	0.0948	0.0157	0.0560	0.0584	0.0016	0.9138	0.0862	4.4066	0.0572	B.F.
TJ4	1.51	0.18	1.98	0.39	0.03	31.37	3.57	60.10	0.90	（%）
	0.0485	0.0088	0.1070	0.0294	0.0012	0.9321	0.0679	3.0312	0.0339	B.F.
TJ5	1.40	0.17	1.04	0.36	0.02	28.17	2.86	64.50	1.15	（%）
	0.0505	0.0091	0.0627	0.0301	0.0010	0.9390	0.610	3.6497	0.0488	B.F.

对唐代花瓷黑釉和乳光釉的典型试样的结构进行详细研究之后,可得出如下结论:乳光釉和花瓷釉上的乳光花斑一样,都是先施一层黑釉料,再在局部(花斑)或全部(乳光釉)施一层白釉料,然后入窑烧制,其烧成温度为 1260 ℃ ~ 1300 ℃。唐代花瓷的乳光斑和乳光釉具有不混溶性。其液相分离结构的出现比宋钧釉早一个朝代,但在物理化学上同属于 $K_2O\text{-}Na_2O\text{-}CaO\text{-}MgO\text{-}Al_2O_3\text{-}SiO_2$ 系统。唐代花瓷乳光釉液相分离的孤立小滴的粒度分布范围很狭窄,粒度峰值

为 800 Å,故其烧成温度稍低,时间略短。这种釉会发生第二次分离,第二次分离的孤立小滴的粒度为 50 ~ 100 Å。唐代花瓷胎的化学组成和显微结构与宋、元钧瓷胎相近,但所用原料、质量较次。唐代花瓷茶叶末釉的艺术外观的成因是暗色的黑釉表面附近散布着许多直径为数十微米的残留石英颗粒,使颗粒处的颜色比较浅而略呈黄色,有类似茶叶末之感。

第二节　钧窑系的形成与发展

一、唐钧与宋钧的关系

钧瓷始于唐,盛于宋,在宋代达到鼎盛时期。但唐代、宋代均没有关于钧瓷的记载,因为那时还没有"钧瓷"这个名称。"钧瓷"是宋代五大名窑之一,因宋徽宗时期曾在古钧台附近设置官窑专门烧制御用瓷而得名。通过考古调查和科技考古分析,可以从以下几个方面看出唐钧对宋钧产生了很大的影响:

1. 在器物造型上,唐钧与宋钧皆具有古朴庄重、丰满圆润的特点;

2. 在胎质上,宋钧胎质的化学组成、显微特征与唐钧相近;

3. 在釉色、纹路上,唐钧与宋钧皆有天青、月白、天蓝之色,窑变釉彩的自然流动也有一定的共性,且宋钧所特有的蚯蚓走泥纹和蟹爪纹也曾在唐钧上发现;

4. 在釉质上,唐钧釉和宋钧釉都是具有相同化学组成特点和分散的液滴状分相结构的分相乳光釉;

5. 在地域和交流上,无论是鲁山段店窑还是神垕赵家门窑,都与神垕镇的宋代钧窑相距较近。因此,宋代神垕镇的钧窑受其影响是自然而然的。

唐代烧制成功的唐钧不仅开了窑变艺术的先河,也为宋钧的继承和大胆革新奠定了良好的技术基础。综上,我们可以得出这样一个结论:宋钧是在唐代黑釉花瓷的基础上产生的,唐钧与宋钧一脉相承。

二、钧窑的诞生及其社会背景

五代十国时期,后周皇帝柴荣创立柴窑,在一定程度上促进了陶瓷制作工艺的进步。但陶瓷,尤其是钧瓷真正得到大发展、大繁荣的时期是在宋代。历史学家陈寅恪先生曾言:"华夏民族之文化,历数千载之演进,造极于赵宋之世。"在经济繁荣、文化兴盛的社会背景下,宋代手工业前所未有地繁荣和发展。制瓷业作为中国传统手工业的主要行当,在宋代呈现出蓬勃发展的新局面。一时间,各地瓷窑竞相发展,陶瓷生产盛况空前。资料表明,在全国 170 个县、市、自治区中,发现宋代窑址的就有 130 个县,超总数的 75%。吴仁敬、辛安潮两位先生在《中国陶瓷史》中以"吾国瓷业,至此时代,放特殊之异彩,可谓为兴盛之时期,且其时,与西南欧亚及南洋诸国,懋迁往来,输出商品,以瓷器为要宗,沿至明清,此风不替,其后西人至呼瓷器为 china,可谓盛矣"来描述宋代瓷业的繁盛。

图 6-3　钧窑玫瑰紫釉葵花式花盆

　　钧窑玫瑰紫釉葵花式花盆,北宋瓷器,高 18.3 cm,口径 26 cm,足径 13 cm。花盆通体呈十二瓣葵花式。折沿,深腹壁,盆身外侧凸起十二条直线纹,矮圈足。盆内满施天蓝釉,外施玫瑰紫色釉,底有五个圆形渗水孔,刻数字"三"。(图片源自故宫博物院官网)

　　在后周政权灭亡后,"柴窑工匠无所归,遂群趋钧州而经营钧窑",钧州即今河南禹州。制瓷技术精湛的柴窑窑工大量涌入禹州,加之唐代禹州神垕镇也曾烧制花釉瓷器,为宋代钧窑瓷取得非凡成就奠定了坚实的物质、技术和人才基础。禹州的制瓷匠人们在前人烧制花瓷的工艺的启发下,逐渐认识到铜在釉中的作用,烧制出精美绝伦的钧瓷铜红釉。钧窑由此诞生,以窑变花釉为一大特色。钧窑自诞生起便得到了迅速发展,成功步入宋五大名窑行列,对后世瓷业发展产生了深刻的影响。

三、钧窑系的形成与钧窑的发展

　　北宋初年,钧窑崭露头角,因绚丽、丰富的釉色赢得了社会各阶层人士的赞誉与喜爱。北宋中晚期,钧窑瓷——铜红釉的稳定烧成及其复杂的窑变工艺,使钧窑跃居诸窑之首,并且在民间也享有极高的声誉。在统治者的偏爱、钧窑制瓷工艺精湛以及禹州地理位置便利三重因素的作用下,北宋徽宗时期,钧窑被朝廷作为官窑,烧制专供御用的瓷器。考古调查发现,北宋官办钧窑就位于禹州城内的古钧台(也称八卦洞)附近。官办钧窑的存在确立了禹州作为钧瓷生产制作中心的地位。官窑严苛的制瓷要求虽然在一定程度上限制了钧瓷艺术在民间的发展,但是对钧瓷制作技艺的成熟与进步起到了极大的促进作用,使钧瓷得以闻名于世,成为周边瓷窑竞相模仿的对象。因此,即使在北宋末年战乱侵扰、社会动荡的恶劣环境下,钧瓷的制作工艺仍旧广为传播,表现出极强的生命力。

图6-4　钧窑玫瑰紫釉鼓钉三足花盆托

钧窑玫瑰紫釉鼓钉三足花盆托,北宋瓷器,高8.7 cm,口径22.5 cm,足距16 cm。花盆托敛口,浅弧腹,平底,底下承以三个云头形足。外壁口沿下和近底处各环列一周鼓钉纹:上面一周有十九枚鼓钉;下面一周有十六枚鼓钉。外底刻有数字"二",表明它是同套器物中尺寸第二大者。内施天蓝色釉,并分布着几道明显的蚯蚓走泥纹,外壁玫瑰紫釉与天蓝釉相交融。器表鼓钉处釉垂流明显,给人以自然生动之美感,增添了艺术魅力。(图片源自故宫博物院官网)

金代是钧窑重新复苏和发展的时期。北宋战乱使钧窑短暂地沉寂了一段时期,但是在金代,钧窑又很快复苏。这一时期,烧制钧釉瓷的窑口增多,除了禹州钧窑、郏县谒主沟窑,还有鲁山段店窑、宝丰清凉寺窑、汝州严和店窑、新安窑等。金代晚期,鹤壁集窑也开始烧制钧釉瓷。从窑址的地域分布来看,这一时期烧制钧釉瓷的区域以钧窑为中心向西南、西部、西北和北部扩展,但基本上位于黄河以南的豫西地区。但就瓷器制作水平而言,这一时期的钧瓷与整个北宋时期的钧瓷相比,已有天壤之别。大多数产品的制作不太精细,胎体显得较为笨重,且只有上半截着釉,釉色也不如宋钧艳丽,窑变彩斑显得呆板,形成了与宋钧有别、具有浓郁民族特色和典型时代特征的钧瓷作品。

图 6-5　钧窑天蓝釉紫红斑碗

钧窑天蓝釉紫红斑碗,金代瓷器,高 4.1 cm,口径 8.3 cm,足径 2.9 cm。碗口微敛,深弧腹,圈足。胎呈褐色,质地坚致。碗内外施天蓝色釉,上有紫红斑,匀净光润。口沿呈浅黄色。外底不施釉,圈足端涂褐色护胎釉。北方中原地区的民间钧窑系产品,时常会在蓝色底釉上涂抹紫红色斑块。紫红斑系氧化亚铜胶体粒子的呈色,这些釉斑形状不定,没有规律,融合在底釉中,如同窑变。(图片源自故宫博物院官网)

图 6-6　钧窑天蓝釉三足炉

钧窑天蓝釉三足炉,金代瓷器,高7.2 cm,口径7.9 cm,足距5 cm。炉圆口,折沿,直颈,鼓腹,底下承以三足。施天蓝色釉,内壁施半釉,外壁满釉。口部边缘釉薄处呈酱黄色。(图片源自故宫博物院官网)

元代是钧釉瓷生产迅速发展的时期。除原有烧制钧釉瓷的窑仍继续生产外,河南省的焦作窑、淇县窑、林县窑、安阳窑,河北省的磁县磁州窑、曲阳定窑、承德隆化窑,山西省的长治窑、临汾窑、介休窑、浑源窑和内蒙古清水河窑等,都在元代开始陆续烧制钧釉瓷。烧造区域扩展到黄河以北的广大地区,即河南省北部和河北省、山西省、内蒙古的部分地区。至此,钧窑系基本形成。不难看出,钧窑系形成的过程是以河南禹县钧窑为中心,从宋末、金代开始向其周围呈辐射状扩展,到金代晚期和元代,逐渐越过黄河,沿太行山东、西两麓,主要是东麓向北发展,直至长城外的地区。其涉及范围之广、生产规模之大,都是前所未有的。

图6-7 钧窑天蓝釉紫红斑双系罐

钧窑天蓝釉紫红斑双系罐,金—元瓷器,高10.2 cm,口径13 cm,足径6 cm。罐敞口,短颈,鼓腹,宽圈足。肩部对称置圆系。罐内外施天蓝色釉,釉面有开片。口沿、足边及系的侧面釉薄处呈酱色。外壁饰牙形的紫红色斑块,似一弯新月挂在天边,新颖别致。(图片源自故宫博物院官网)

钧窑系的形成同北方宋、元时期其他几个窑系相比,显然比较缓慢,也比较晚。当它在元代形成时,著名的定窑系、磁州窑系、耀州窑系业已衰落,北方瓷业逐渐走下坡路。它的出现应该说给不景气的北方瓷业带来了一些生气。

元代末年,由于连年战乱、灾荒,社会经济发展大幅衰退,手工业因此受到影响,钧窑瓷器的生产也因窑毁人亡而停烧,钧窑再次走向衰退。

图6-8　钧窑天蓝釉紫红斑菊瓣碗

钧窑天蓝釉紫红斑菊瓣碗,元代瓷器,高9.5 cm,口径23.7 cm,足径7 cm。碗呈菊瓣形。敞口,弧腹,圈足。通体施天蓝色釉,碗内有红斑装饰。用花瓣作为碗的造型,起源于唐、五代时期,兴盛于宋、金时期,延续到以后各朝。这一成型技法的使用,对实用器起到了很好的美化作用。(图片源自故宫博物院官网)

明代初期,虽然社会相对稳定,封建经济逐渐复兴,但钧瓷生产并未由此恢复。据文献记载,这一时期的钧窑已衰败成只能烧造酒缸、酒坛、酒瓶之类的粗瓷窑场,昔日可烧造出绚丽夺目的钧瓷的窑厂已经日薄西山了。

图6-9　钧窑玫瑰紫釉仰钟式花盆

钧窑玫瑰紫釉仰钟式花盆,元—明初瓷器,高17 cm,口径23 cm,足径12 cm。

花盆撇口,深腹,圈足。盆内施天蓝色釉,外施玫瑰紫色釉。口沿、足边釉薄处呈酱色。外底涂刷酱色釉,有五个渗水圆孔。圈足及底部均刻标明器物大小的数字"六",但足内刻字线条较粗而深,应为原刻;底部刻字线条较细、较浅,可能为清宫后刻。(图片源自故宫博物院官网)

清代,中国瓷业的重心趋向南方,江西景德镇成为全国乃至世界的制瓷中心。钧窑瓷器神奇的窑变工艺已鲜为人知,近乎失传。后世所出现的仿钧作品也只是在钧瓷工艺影响下的一种创新,无论是胎、釉,还是烧造和窑变工艺,都与原来的钧瓷有本质的区别。

第三节 钧窑花釉瓷的胎釉结构

钧瓷釉诞生之后,大家对它产生的颜色各异的天蓝色乳光感觉十分神秘,甚至称其为"异光"或"奇光"。后经研究发现,天蓝色的乳光其实是釉中的分相小滴对投射来的光线发生散射的结果。分相乳光釉的产生需要有适当的配方,因为釉料中有些氧化物(如 P_2O_5、CaO、MgO 等)能促进分相,而另外一些氧化物(如 Al_2O_3 等)能抑制分相。因此,保持 P_2O_5/Al_2O_3 和 SiO_2/Al_2O_3 的正确比率有利于分相的形成。

宋、元钧瓷釉的分相小滴尺寸呈现正态概率分布。有研究者测定过许多样品的孤立小滴的粒度曲线,其平均直径介于 55.5 nm 和 116 nm 之间。瓷釉分相成为连续相和分散相时,至少有 11 种结构参数会对该釉的性质产生影响,即分相小滴,连续相各自的成分和性质,分散小滴的体积分数、粒度分布、平均尺寸,小滴粒子的平均自由程,择优取向,两相各自的结晶度,两相界面的互作用,两相在热学上的互作用。因此,分相釉的性质比单一均匀的透明玻璃釉的性质复杂得多。如果这两相成为互连和穿插结构就更为复杂。这些结构参数影响到釉的密度、弹性模量、黏度、析晶等。

北宋钧瓷的瓷胎细腻致密,呈灰褐色。它吸水率低,瓷化程度高,叩之,其声铿锵悦耳。从胎质断面可以看出,钧瓷的胎质一般较为厚重,这是为了适应施厚釉层的需要。胎体太薄则吸水能力不够,施釉后釉层水分多,干后釉起皮脱落,易造成滚釉、脱釉的缺陷。钧瓷胎质纯净、无杂质,很少有空隙。由于修坯严格、制作精细,胎、釉结合较好,钧瓷很少出现釉层剥落等现象。

现有研究已经证实,钧瓷是低温素烧、高温釉烧的二次烧成的制品。胎经素烧后,多次施釉,最后釉层厚度可达 3 mm。许多烧成后的碗,其釉流聚于碗底,厚达 10 mm。这种现象说明,钧釉瓷在并不快速的烧成过程中,其釉在高温下仍具有一定的黏度,但因为重力作用可以缓慢移动,往下爬行、积聚。经过对钧釉受热行为的高温显微镜测量,根据釉流淌的不同程度或釉积聚与否,可判定宋钧釉的烧成温度在 1280 ℃ ~ 1300 ℃ 的范围内。根据钧瓷胎的显微结构,从胎中的二次莫来石针晶发育粗大,数量众多,一次莫来石发育完整,成三组交叉的席状结构,亦可得出同样的结论。在高温下,因釉和胎的铝、钠、钾离子含量悬殊,故铝从胎扩散到釉,补充釉中的铝含量,钠、钾从釉扩散到胎,提高胎中的熔剂含量,使该处的玻璃相量增加。靠近胎的釉处,R_2O 含量下降。所以在胎釉交界处,这种离子交换使其成分因钙长石成分过饱和而析晶。在析晶过程中,由于液/固中 Fe_2O_3 的分配系数大于 1,钙长石析出时发生排 Fe_2O_3 作用。析晶后钙长石层比较纯,含铁量很少,在肉眼看来胎、釉之间出现了一条白线,这就是中间层的结构。这种中间层也是说明钧瓷在高温中烧成的一种标志。

借用偏光显微镜和电子显微镜观察胎、釉和中间层的主要相组成,可发现大量残余的石英和闭口气孔存在于钧瓷胎中。有的钧瓷胎处于较低温度下烧成的生烧状态,有很多开口气孔形成的网状结构,使胎质疏松和粗糙。少量残留的石英和或多或少的钙长石小晶体分散于釉中。同时也有许多小气泡存在于釉中,其数量和大小在各瓷片中不同,最大的气泡直径可达 0.5 mm,这表明钧釉的黏度在高温烧成过程中是相当高的。在所有钧瓷样品中的胎釉中间层内均有钙长石小晶体层。大多数中间层为白色,厚 0.2 mm ~ 0.3 mm,而其中的钙长石小晶体层的厚度为 20 μm ~ 30 μm,它位于靠近釉的一边。表 6 - 3、表 6 - 4 分别为禹县钧瓷胎体、釉料的化学组成。

表 6 - 3　禹县钧瓷胎体的化学组成(%)

种类	SiO_2	Al_2O_3	Fe_2O_3	CaO	MgO	K_2O	Na_2O	TiO_2
宋钧灰胎	64.29	28.3	2.24	1.45	0.03	2.1	0.75	1.13
官钧黄胎	63.84	27.3	3.17	0.84	0.7	2.85	0.34	1.14
元钧灰白胎	63.31	30.59	1.44	1.16	0.25	1.75	0.5	1.17

表6-4　禹州钧瓷釉料的化学组成(%)

种类	SiO₂	Al₂O₃	Fe₂O₃	TiO₂	CaO	MgO	K₂O	Na₂O	P₂O₅	CuO
早期宋钧	69.74—71.19	10.2—10.8	1.44—1.68	0.14—0.2	9.45—10.7	1.2—1.6	3.12—3.9	1.12—1.6	0.79—0.95	—
官钧	69.79—71.86	9.5—9.9	1.95—2.72	0.31—0.51	9.04—11.2	0.75—1.15	3.54—4.86	0.48—0.72	0.46—0.68	0.07—0.45
元钧	68.19—74.35	9.4—11.4	1.36—2.44	0.17—0.53	6.77—12.8	0.5—2.7	2.35—5.5	0.51—2.3	0.46—1.15	—

(以上数据来源于山东省硅酸盐研究设计院)

分析数据表明,容易产生窑变现象的钧釉,比不易产生窑变现象的早期宋钧釉含有更少的 Al_2O_3,具有更高的 SiO_2/Al_2O_3 比率。这意味着钧釉在成熟温度下具有更低的黏度和表面张力,而较低的黏度和表面张力有利于处于垂直面或倾斜面上的釉在成熟温度下更快流动。这两个条件促成了产生窑变现象的下述过程的发生:当釉层底部产生的气泡聚集、长大并向表面移动时,不可避免地会把不具有乳光性的下层釉带到乳光层中,于是气泡周围发生了两种釉的互相扩散、融合。两种釉互相扩散、融合的结果,必然会使气泡附近的局部区域在分相结构上,因而在外观上与其周围未融合的乳光区产生明显的差异,这就形成了一个诸色错杂的"花"外观。高温时在釉面上凸起的气泡的作用还不止于此,它对其附近区域(对蓝钧釉来说,这个区域的乳浊性较差,蓝色较深)的釉的流动也有阻碍作用。如果釉处于垂直面或倾斜面上,则气泡附近,特别是其上侧的釉比其左右两侧和下侧的釉(这些未混合或混合程度较差的部分乳浊性较强,蓝色较淡,直至成为几乎不透明的蓝白色)的流动度相对要小些,于是形成了醒目而美妙的流纹。当后者的流程较短时,就形成垂直往下流的"泪痕纹";流程较长,绕过许多气泡时,就形成了蜿蜒曲折的"蚯蚓走泥纹"。

图 6 - 10　钧窑玫瑰紫釉长方花盆

　　钧窑玫瑰紫釉长方花盆,宋代瓷器,高 15 cm,口横长 20 cm,口纵长 16.5 cm,横向足距 13.4 cm,纵向足距 10 cm。花盆为长方体。广口委角,折沿,斜直壁,平底,四足为云头形。内壁釉呈月白色,外壁天蓝色釉和玫瑰紫色釉相间,釉面可见"蚯蚓走泥纹"。外底施酱色釉。底有五个渗水孔,并刻有数字"十",表明这件花盆为同套花盆中尺寸最小者。(图片源自故宫博物院官网)

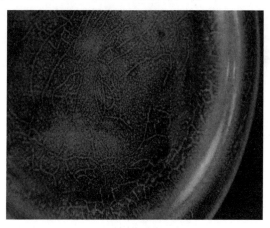

图 6 - 11　钧窑蚯蚓走泥纹

　　蚯蚓走泥纹是在釉层表面形成的一种状如蚯蚓走过痕迹一样的自然纹路,一般是工艺方面的差异造成的,因此,制作蚯蚓走泥纹在工艺上进行控制即可实现。实验证实把底釉的细度万孔筛余余量控制在 0.05% ~ 0.15% 较为合适。通常情况下,相互接触的颗粒,不通过化学反应结合在一起,必须有一定的推动力起作用。釉的细度越大,其表面积越大,因而有较高的表面能。任何系统都有向最低能量状态发展的趋势。因此,表面能的降低就成为釉颗粒紧密结合的推动力。釉的细度越大,这种推动力也越大。另外,釉颗粒之间由于水分的存在,所产生的毛细管引力也可使釉层中的原料颗粒之间变得紧密。在这些力的共同作用下,釉层干燥后,颗粒之间结合得更紧密,釉层之间会产生较大的张应力。因此,细度较大的釉颗粒在坯体干燥后,其所形成釉层易出现不规则的自然裂缝。再施面釉时,部分裂缝将会被面釉填充。这样,烧成后因缝隙里边和周边釉层的成分存在差异,而形成艺术外观上的不同,最终形成清晰、自然的纹路——蚯蚓走泥纹。另一种情况是在烧成的前期阶段,釉层产生裂缝,达到一定温度时,熔融温度较低的面釉会首先进入裂缝,最终形成蚯蚓走泥纹。然而,当釉在熔融状态下,釉熔体中质点的扩散迁移,会使釉的成分向均匀化状态转化。此时,如果保温时间过长或烧成温度过高,蚯蚓走泥纹将会变得模糊甚至消失。

第四节　钧窑花釉的呈色原理及烧制工艺

钧窑是中国古代第一个把铜红大量用于高温色釉的窑场。但是,与唐代长沙窑铜红釉有所不同,钧窑釉的呈色是过渡元素中的铜和铁起主要作用。蓝钧和紫钧釉中的铁大多以低价状态存在。钧釉的青蓝色主要同釉中 Fe^{2+} 所引起的选择性吸收有关,它的呈色质量和颜色深浅同釉中的 Fe_2O_3 含量有着直接的关系。铜釉中的铜是以离子的形式通过液相分离使小滴产生选择性吸收和散射来呈色的。

钧窑釉层中的铁主要是以 Fe^{2+} 的形式存在的。Fe^{2+} 在紫外区域和红外区域的强烈吸收作用延伸至可见光区,导致钧窑釉层呈现蓝色,是钧窑釉层的主要着色剂。Fe^{2+} 含量的增加能够使釉面蓝色饱和度增大。钧窑釉层中存在着大小不一的分相液滴,深蓝色釉层中液滴的尺寸为 150 nm ~ 250 nm,浅蓝色釉层中液滴的尺寸为 500 nm ~ 700 nm。小液滴尺寸增大,能够使蓝色釉面颜色偏绿、明度提高。钧窑蓝色乳光釉的呈色是化学成分和显微结构共同作用的结果,也是对可见光的散射和吸收共同作用的结果。

钧窑紫红釉是在蓝钧釉中添加少量的铜和锡的化合物配制而成的。由于它们之间的比例不同,因此烧成时官钧瓷呈现不同的颜色。正是通过控制其含量的高低,实现了钧窑釉从蓝紫、紫、紫红、玫瑰红到红色的不同呈色。SnO_2 的存在对铜红的呈色有利,锡的引入形式可能是锡灰,所以含锡的釉同时也含有数量相当的铅。SnO_2 是一种乳浊剂,它对铜红的呈色有稳定作用。这是因为,铜红在烧成过程中,如果烧成温度过高或保温时间过长,则胶体铜微粒会不断长大,使釉色变成橘红色或其他不正常的色调。在釉的配方中加入少量的 SnO_2,使其在胶体铜微粒周围生成一层保护膜,可使釉色保持正常。有学者认为,宋代钧红釉可能用含硫的铜矿石——辉铜矿作原料,钧釉中的辉铜矿多晶小珠($0.4\ \mu m \sim 2\ \mu m$),与呈红色的液相小滴一起成群地呈流纹状分布,并以含量的多少来控制钧窑釉从蓝紫、紫、紫红、玫瑰红到红色的呈色变化。

宋代钧釉瓷的着色方法有以下几种:

1. 在天蓝乳光釉上以含铜的釉浆薄涂、描画或点缀,使含铜色剂在花样入窑烧成后向周围扩散,红色逐渐淡化,产生深浅浓淡的变化。

2. 釉料中加入足够的铜红色剂,将釉料施于器胎上,且釉料须达到相当的厚度,保证其烧成后成为 1 mm 厚的红色釉层。铜红色剂是加到天蓝乳光釉料中的,因此整个釉层既分相又呈红色。在放大镜下可以看到蓝色乳光流纹,而肉眼却不容易看见。

3. 在较厚的红釉上施以薄薄的一层天蓝乳光釉,烧成时二者发生反应,表面流釉,则无天蓝乳光釉处依然呈红色,二者反应处呈红紫色乳光,流釉处则呈现红、紫、蓝、白等兔丝纹,肉眼看到有如朝霞,这就是常见的所谓窑变花釉。大多数窑变花釉被用作各式花盆的外釉。兔丝纹浓密处连成一片,留下一些孤立的、面积约 $1\ mm^2$ 的深红色斑点。

图 6-12　北宋钧官窑 1 号双火膛窑炉

钧官窑1号双火膛窑炉,又被称为双乳状火膛长方形窑,是钧官窑中典型的钧瓷窑。其窑室为长方形。火膛呈并列的双乳状,其中一个留有直径22 cm左右的圆形观火孔,另一个留有窑门。窑室后壁中间和两端设有三个扇面形、直通窑顶的烟囱。

钧瓷是在1250 ℃和1270 ℃之间以还原气氛烧成的,烧成过程中的升温制度、气氛制度、止火制度乃至冷却速度,都是影响钧釉色彩变化的重要因素。在禹县钧台窑(八卦洞)发现的宋钧窑炉是一种在河南、陕西常见的馒头窑,其平面图如马蹄形,故又称马蹄窑。八卦洞钧窑已比较先进,窑长4.34 m,中部最宽处为2.5 m;燃烧室在窑前,长1.6 m,底部距窑床面0.8 m,因此窑床实际上是一个颇高的台阶,面积约为2.5 m×2.2 m。窑后墙贴床底处均匀分布着五个出火孔,在窑后墙筑有五条烟道,汇合于中部的一条烟道通向烟囱,窑内废气经此烟道向上排出。有人认为这种窑炉属于半倒焰窑,其实是没有注意或考虑其装窑情况。若装窑后在窑床与燃烧室之间砌筑一道达半窑高的挡火墙,则火箱燃烧时火焰被迫往上沿着窑顶跨越挡火墙,往下经所烧器物,从窑床后面的出火孔排烟,因此它是实实在在的一种倒焰窑,可以烧出所需要的高温。在长时间保温下,窑温也不会不太均匀。另外,这类馒头窑装窑多使用垫柱,垫柱上叠置装器物的圆形匣钵。因此放在窑床上的是一根根较高的匣钵柱,柱和柱之间就是通火道。匣钵柱的密度越大,通火道的平面截面积越小,又因其下有高约20 cm的一层垫柱,故最下面的匣钵已高过出火孔。因此这种结构已相当于现代倒焰窑的窑底孔,火焰相当于通过无形的窑底孔从器物的底部由侧面的出火孔从烟道排出废气。调整垫柱的密度等于调整窑床面积与窑底孔面积之比,可以调整窑温的均匀度。加上窑床前的挡火墙,这种结构几乎与一个小型的现代倒焰窑无异。

第五节　仿钧窑口

元代末年,钧窑瓷的生产制作在北方地区渐趋消亡,在我国的南方地区却悄然兴起了仿钧之风。其中包括著名的陶瓷产区,如浙江金华铁店窑、广东石湾窑、江苏宜兴窑以及江西景德镇窑。其中:浙江金华铁店窑仿钧时间最早;广东石湾窑仿钧时间最具连续性,而且持续时间较长。

一、浙江金华铁店窑

北宋末年,战乱频繁,致使大量北方人南迁。北方的窑业工人也随着南宋皇帝南逃,这就使得北方窑场先进的瓷器烧制技术得以在南方迅速传播。浙江金华铁店窑就是较早受钧窑工艺影响的瓷窑之一。铁店窑仿钧窑产品最早出现于元代,其产品造型丰富,胎骨呈深紫色,露胎部分呈淡紫色。铁店窑仿钧器釉色多为天青色,也有少部分呈月白色。这是一种浓淡不一的蓝色乳光釉,是与宋钧相似的二液相分相釉,其色调美观别致,具有荧光一般优雅的蓝色光泽。铁店窑仿钧器采用两次施釉、一次烧制的办法。第一次浸釉,釉层极薄,一般除圈足和近圈足处一周无釉外,其他均施满釉。待釉干燥后,再浸与第一次不同成分的釉,然后一次烧成。第一层釉起到化妆土的作用。韩国中央博物馆馆长郑良谟认为,这些钧窑类型的瓷器与元代北方钧窑生产的瓷器不同,它们似乎是受北方钧窑影响的南方窑生产的。

图6-13 铁店窑遗址

铁店窑遗址是婺州窑系具有代表性的窑址之一,分布于浙江省金华市婺城区琅琊镇铁店村及其周围的山坡上。现存窑址有三处,其年代上起北宋,下至元代。烧造的瓷器品种有青釉瓷器和乳浊釉瓷器,以乳浊釉瓷器为主。

元代是婺州乳浊釉瓷烧制的鼎盛时期,虽然这一时期器物的造型和种类很丰富,但在装饰工艺方面却凸显出自然、朴素的特点。铁店窑所产以乳浊釉为主,釉色呈天青色和月白色,主要利用釉层较强烈的乳光效果和兔丝纹等特性作为装饰,使釉面乳光斑点白中透蓝,浑然天成。这与北方钧瓷在装饰方面的审美特点十分相似,其原因一方面是乳浊釉的烧制来自自然窑变的启发,人为因素只起辅助作用;另一方面是受宋、元时期道教文化的影响,人们追求悠然自得的无为之境。除此之外,对挖掘到的瓷器进行研究分析后发现,其基本的装饰手法还有捏压、模印、刻划纹等。

由于铁店窑属于民间瓷窑,因此它没有太多的约束,在装饰上多体现手工意趣。比如:在花盆口沿处装饰手工捏压形成的鸡冠花纹;盆腹上有简单的锯齿纹、凹弦纹等;三足鼓钉洗的鼓钉装饰是用工匠亲手捏制的小泥丸制作的,泥丸大小粗略相当,兽头、足则经过模印后手工粘在鼓钉洗上。这些装饰形式单纯、工艺简便,但是看似粗陋的背后却是制瓷艺人长期手工劳作经验的积累,富有浓郁的乡土气息。总体来说,元代铁店窑乳浊釉瓷的装饰不刻意求工,追求自然天成的效果。

图6-14 铁店窑仿钧瓷片

二、广东石湾窑

石湾窑有三个:一是宋、元、明、清时期的佛山石湾窑;二是宋代阳江的石湾窑;三是明代博罗的石湾窑。其中,以佛山石湾窑最为著名。石湾窑仿钧自明中叶开始到清代,几百年来从未间断,是仿钧持续时间最为长久的窑场,它极盛于明、清两代。其产品胎质较厚,胎骨灰褐色,釉厚而光润,尤善于仿钧窑釉,被称为"广钧";因其胎为陶土,因此又被称为"泥钧"。广钧釉色以钧蓝和翠毛釉为多见,色调浑厚、凝重。乾隆以后至民国初年的广钧造型多为人物和动物,其他器物也注重造型方面的变化和修饰。广钧是入窑一次烧成的，所施釉层也有底、面之分，即先挂含有铁分的胎釉，以填充坯胎中的小气孔，减少坯胎对面釉的吸收，然后再涂上含有硅酸的面釉。焙烧时，底釉、面釉相互渗透，铁与硅酸共同作用，产生晶莹、润泽的效果。广钧以蓝色为基调，兼有白、红、紫诸色。所创蓝釉中流淌雨点状葱白色的品种，俗称"雨淋墙"，也叫"雨洒蓝"，是其杰作。"钧窑以紫胜，广窑以蓝胜。"《饮流斋说瓷》对此有精确的概括。

图 6-15　石湾窑仿钧釉三足炉

石湾窑仿钧釉三足炉，明代瓷器，高 14.5 cm，口径 11.9 cm，足距 9 cm。炉直口，平出沿，短颈，鼓腹，圈足，圈足下承以三足。炉外施窑变釉，釉色以月白色为主。炉内施白釉，圈足内施酱色釉。胎体厚重，做工精细。广东石湾窑的陶瓷产品特点是胎体厚重，胎色灰暗，釉层厚而光润，以制作陈设用品见长。此器为石湾窑的典型器物。（图片源自故宫博物院官网）

石湾仿钧釉色彩比钧釉更为丰富，除蓝、红这类基础釉色外，翠毛蓝、三稔花、雨洒蓝、虎皮斑釉等都是仿钧釉中的名贵品种。翠毛蓝，蓝色中掩映绿彩，釉色犹如翠鸟的羽毛般翠丽；三稔花浅蓝而近于青，如三稔树开花般爆出芝麻状青、红、紫、白色的点，青蓝中带红带紫，极为幽艳，烧成难度很高，十分珍贵；雨洒蓝则是利用蓝釉生出葱白点的窑变而烧成的，即青蓝色中闪葱白点，犹如夏日的晴空忽来一阵骤雨，《陶雅》赞之曰，"较之（钧窑）雨过天青，尤极浓艳"；虎皮斑釉由黄、绿、紫或黄、黑、紫三色混成杂斑，先在素胎上涂一层白釉，再用笔涂点黄、黑釉等，烧成之后成黄虎斑、紫虎斑，惹人喜爱。窑变釉色之美使石湾窑陶瓷艺术更加异彩纷呈,从而形成石湾窑艺术陶塑浑厚古拙、绚丽多姿的独特风韵。

　　从传世品看,石湾窑仿钧是一种利用当地自然资源而制作的产品,其生产工艺与宋代钧窑不同,二者的外观效果也不一样。宋代禹县钧窑釉是利用当地瓷土为原料制胎,先经过素烧,施釉后再在1250 ℃～1270 ℃的高温还原焰中釉烧而成的。其胎质坚致,胎色灰白,瓷化程度高,叩之声音清脆。石湾窑仿钧釉则是采用本地或邻县的陶土为原料制胎,施釉后在1000 ℃～1200 ℃的氧化焰至中性焰中一次烧成的,胎骨粗松,虽厚但重量轻,胎色灰褐,叩之声音沙哑。在外观效果方面,宋代钧窑窑变釉以紫红色为基调,掺杂天蓝、月白等色;而石湾窑仿钧釉多以蓝色为基调,掺杂月白、紫红等色:故有"钧窑以紫胜,广窑以蓝胜"的说法。因此,所谓石湾窑仿钧釉,实际上是借用宋代钧釉的窑变原理而生产的、具有浓郁地方特色的窑变釉瓷器。其绚丽自然、斑驳陆离的艺术效果,丰富了钧釉的内涵。

图 6-16　石湾窑楸叶式洗

　　石湾窑楸叶式洗,明代瓷器,高6.7 cm,长26.3 cm,宽18.9 cm。洗通体仿楸叶形,内外雕刻凹凸的叶脉,叶边堆贴四朵盛开的花,并刻出七枚花蕾。胎体厚重,釉层凝厚,深蓝色釉中渗出葱白色雨点状花斑。此洗造型新颖,窑变花釉挥洒自如,卷曲的叶边仿佛被微风吹动,颇有天然的韵致。(图片源自故宫博物院官网)

　　宋钧窑器与石湾窑仿钧釉器在工艺技术上的比较:

　　胎土:宋钧窑器以瓷土作胎,在1250 ℃～1270 ℃以上的高温还原焰中烧成;胎厚而呈青灰色,有的略带灰黑;胎质致密、坚固,叩音清脆。石湾仿钧釉器则采用本地或临县的陶泥作胎,黏性大,可塑性强;在 1000 ℃ ~ 1200 ℃ 的氧化焰至中性焰气氛中烧成;胎厚,呈灰褐色,略带沙性,叩音低沉。

釉药:宋钧窑的釉药主要用草木灰(大柴和杂草燃烧成灰),与禹州当地山中特有的瓷石料研磨而成,如黄长石、红长石、玛瑙石、孔雀石、石英石、磷灰石、铜矿石、铁矿石、牛骨等。石湾的釉药大多以普通植物灰(如桑枝灰、松木灰、稻草灰、谷壳灰、砚灰等)、石灰、瓷泥、硼砂、玻璃、玉石等为基础原料,以星珠、石墨、铜、铁、钴、金、银为着色剂。石湾窑只是利用了上述简单的原料制成多种釉药,烧成多彩多姿的釉色。

窑炉:钧窑的窑炉主要有半倒焰馒头窑、双乳状火膛长方形窑及风箱鼓风小窑等。其中,双乳状火膛长方形窑是宋代官窑使用的。其有两个火膛,呈双乳状,一个开口兼作窑门,一个全封闭,不留进柴孔。两个火膛对着长方形的窑室,在有进柴孔的火膛上有一个烟囱,窑室后壁有三个烟囱。据说这种结构对氧化焰转还原焰很有利,高温阶段易于升温,使所烧器物易于呈色,窑变效果好。燃料主要是柴和煤。石湾窑在明代就使用斜坡式的龙窑,长约 30 m,宽 2.5 m。弧形拱顶,窑门置于前端,窑的顶部每隔一段距离设横向排列的投柴孔若干个,窑的后部是烟囱。这种结构可以通过调节器物的位置和掌握投火时间,来控制窑温和气氛,烧出所需的各种窑变产品,所用燃料都是大柴。

烧造工艺:宋钧窑瓷器都是两次烧成的,先素烧胎,再上釉复烧,釉层较厚,一般为 1 mm 左右。上釉时,在需显紫红色斑的部位,涂上含铜量稍高的釉料。而石湾窑的仿钧釉器,一般是一次入窑烧成的,所施釉层有底、面之分,先施含有铁的护胎釉,以掩盖胎上的粗粒,填充坯胎中的小气孔,减少坯胎对面釉的吸收,然后再施面釉,工艺水平比钧窑更高。

釉的成分:石湾窑在原料、工艺制作、烧造技术方面,都与钧窑有所不同,但为何能产生风格相似的效果呢?可对两种釉的化学成分进行分析,河南考古研究所的赵青云、于德云合写的《钧窑系的形成及石湾窑仿钧》一文中总结了宋钧釉在化学组成上的特点:Al_2O_3 含量低,而 SiO_2 含量高,还含有 0.5% ~ 0.95% 的 P_2O_5。早期宋钧 SiO_2 与 Al_2O_3 之比介于 11 和 11.4 之间,P_2O_5 多数占 0.8%。官钧釉的 SiO_2 与 Al_2O_3 之比为 12.5 左右,P_2O_5 的含量在 0.5% 和

0.6%之间。钧釉的红色是还原铜的呈色作用导致的。红釉中含有 0.1% ~ 0.3%的 CuO,还含有一定数量的 SnO_2。钧釉的紫色是红釉与蓝釉互相融合的结果,钧瓷的紫斑是在青蓝色的釉上有意涂上一层铜红釉所造成的。在天蓝、天青和月白色釉中,CuO 含量极低,只有 0.001% ~ 0.002%,和一般白釉中的含量相近。

香港的何秉聪先生也归纳了钧釉的三个特点:1.磷酸的增加,使釉呈各种颜色,并产生气泡以助乳浊;2. Al_2O_3 的减少,使釉中的矽酸玻璃及磷酸玻璃易于扩散而呈乳蓝色;3.石英的增多,使釉呈酸性,部分铁质不能熔解,使釉中部分结晶呈黄色。

关于石湾仿钧釉的化学成分,张维持先生在《石湾陶器》一书中也做了总结,石湾窑仿钧釉含有 0.2% ~ 0.4%的碱金属氧化物,0.6% ~ 0.8%的碱土金属氧化物,综合的化学分式是:$0.2 ~ 0.4\ Al_2O_3 \cdot 2.0 ~ 4.0\ SiO_2$,其中含有微量的磷酸和少量的铜、铁元素。香港的何秉聪先生列出了 150 年前的石湾仿钧釉的配方:玉石皮粉 20、冬青碗粉 20、龙江石 20、象牙丝灰 20、锡白 10、水白釉干粉 20、芜青 0.5、金花铜末 1.8。

从以上化学成分分析可知,石湾仿钧釉和钧釉大体上是相近的。此外,石湾窑采用龙窑柴烧技术,便于控制窑温和产生不同的气氛,因此能较好地掌握器物釉色的乳光效果和窑变现象,从而烧造出与钧窑风格一致的产品。

三、江苏宜兴窑

江苏宜兴以陶器闻名天下,享有"陶都"的美誉。宜兴盛产澄泥陶,其色发红,故称"紫砂"。宜兴陶器产于宜兴的鼎山与蜀山二镇,蜀山所产一般称为"紫砂"。我们所说的宜兴窑仿钧器,即"宜钧"则产于鼎山。鼎山镇窑为明万历时宜兴人欧子明所创,称为"欧窑"。民国许之衡在《饮流斋说瓷》中对此有具体的记载:"欧窑乃明代宜兴人欧子明所创,形式大半仿钧,故曰宜钧。"宜钧胎有白泥、紫砂两种。釉料中加入含磷的石灰釉,使釉层带有乳浊感。釉色以天青、天蓝、灰蓝、芸豆色为主,也有月白、葡萄紫等。

元代以后,南方地区盛行的仿钧之风既是对宋代钧瓷制作工艺的继承与发展,也是对本窑口制瓷工艺的创新与突破。他们所制作的仿钧兼具宋钧之意与本土之气,各具特色,自成一派,为传播钧瓷文化做出了重要贡献。

图 6 - 17　宜兴窑仿钧天蓝釉莲花式洗

　　宜兴窑仿钧天蓝釉莲花式洗,明代瓷器,高 7.1 cm,口径 19.3 cm,足距 10 cm。洗呈盛开的莲花状,底下承以三个乳凸小足。通体施天蓝色釉,釉层乳浊不透明。明代宜钧陶器的釉色较丰富。此莲花洗为纯正的天蓝色。(图片源自故宫博物院官网)

　　吴隽等人在《中国陶瓷》发表了《宜兴仿钧陶胎釉组成配方特征研究》一文。他们利用能量色散 X 射线荧光法分析了宜兴仿钧陶釉元素的组成。结果如表 6 - 5：

表 6 - 5　宜钧样品釉的主、次量元素含量的均值与标准差(%)

时期	项	Na_2O	MgO	Al_2O_3	SiO_2	K_2O	CaO	TiO_2	Fe_2O_3	CuO	ZnO
清初期	均值	1.78	0.96	8.49	62.69	2.22	17.31	0.33	5.21	0.82	1.42
	标准差	1.74	1.00	1.41	4.69	0.78	3.48	0.05	2.67	1.11	1.70
清早期	均值	1.59	2.04	7.91	63.53	2.29	16.31	0.31	5.02	0.85	1.38
	标准差	1.23	2.92	1.58	3.38	0.71	3.18	0.06	2.81	0.84	1.25
清中期	均值	0.62	3.08	5.11	58.74	1.76	25.61	0.25	3.84	0.87	1.22
	标准差	0.51	2.31	2.57	5.85	0.43	9.12	0.82	3.87	1.15	1.16

　　从釉的元素组成上看,宜钧釉属于钙釉,CaO 的含量基本在 20% 左右,清朝中期的部分样品的釉中 CaO 含量甚至达 30% 以上。SiO_2 和 Al_2O_3 的含量逐渐降低,但是硅铝摩尔比较高,在 10 和 16 之间。根据釉色可将宜钧分为两类:一类为黑棕色,主要着色元素是 Fe_2O_3；另一类为蓝绿色,主要着色元素是 CuO,并含有一定量的乳浊剂 ZnO。较高的硅铝摩尔比和乳浊剂 ZnO 的加入是宜钧釉产生分相的重要原因。

图 6 - 18　宜兴窑仿钧天蓝釉方渣斗

宜兴窑仿钧天蓝釉方渣斗,明代瓷器,高 8 cm,口边长 8.6 cm,足边长 4.3 cm。渣斗呈方形。撇口,阔颈,鼓腹,圈足。通体内外及圈足内均施仿钧天蓝色釉,四面正中对称位置有凸起的弦纹,四角呈委角状。(图片源自故宫博物院官网)

四、景德镇窑仿钧釉

从传世品看,景德镇仿钧釉瓷器最早见于明代宣德时期,而且明代只有宣德朝有此品种,但宣德仿品数量较少,侧重点也只是追求钧瓷的釉色,而不模仿钧瓷的造型。真正对钧窑瓷器进行潜心仿制并取得卓越成就的,则是在清代雍正时期至乾隆早期——唐英督造景德镇官窑时期。

雍正六年(公元 1728 年)八月,唐英以内务府员外郎的身份受命进驻景德镇御窑厂署,经营一切烧造事宜,特别注重仿制古名窑(主要是宋代汝、官、哥、定、钧窑)的釉色,其中以仿钧釉成就为最大。

图 6 - 19　仿钧玫瑰紫釉盘

仿钧玫瑰紫釉盘,明宣德瓷器,高 4.1 cm,口径 15.5 cm,足径 9.2 cm。清宫旧藏。盘口微撇,弧腹,圈足。足底切削整齐。通体施玫瑰紫釉,釉面棕眼密集。口沿处因高温熔融状态下釉层垂流而呈酱黄色。足内无釉,有糊米色斑。(图片源自故宫博物院官网)

参 考 文 献

1. 叶喆民. 河南省禹县古窑址调查记略[J]. 文物,1964(8):27-36,10.

2. 秦大树. 钧窑三问:论钧窑研究中的几个问题[J]. 故宫博物院院刊,2002(5):16-26.

3. 吴仁敬,辛安潮. 中国陶瓷史[M]. 北京:北京图书馆出版社,1998.

4. 李辉柄. 钧窑的性质及其创烧年代[J]. 故宫博物院院刊,1982(2):55-58,105.

5. 关松房. 金代瓷器和钧窑的问题[J]. 文物,1958(2):25-26.

6. 李民举. 论早期钧瓷的"标准器"[J]. 许昌学院学报,2012(4):24-26.

7. 徐华烽. 再议钧台、钧州与钧窑[J]. 中原文物,2016(4):60-64.

8. 赵青云. 河南禹县钧台窑址的发掘[J]. 文物,1975(6):57-63.

9. 河南省文物考古研究所. 禹州钧台窑[M]. 郑州:大象出版社,2008.

10. 苗锡锦. 钧瓷志[M]. 郑州:河南人民出版社,1999.

11. 李知宴. 关于钧瓷几个问题的探讨[J]. 中国历史博物馆馆刊,1998(2):122-128.

12. 余佩瑾. 钧窑研究的回顾与展望:从故宫收藏的钧窑瓷器谈起[J]. 台北故宫学术季刊,1998(2):122-128.

13. 罗慧琪. 传世钧窑器的时代问题[J]. 美术史研究集刊,1997(4):109-183.

14. 台北"故宫博物院". 天青霞紫:故宫所藏钧窑瓷器特展[J]. 中国文物世界,2000(178):112-113.

15. 李家治. 中国科学技术史:陶瓷卷[M]. 北京:科学出版社,1998.

第七章　颜色釉的釉层分析及工艺

　　最早的瓷器是从釉陶进化而来的,因此,瓷器一出现就被晶莹玉润的釉面包裹着。这层釉面既是对瓷器的保护,也是一种十分漂亮的装饰。这种让瓷器感到"骄傲"的釉面,就这样以单一的色彩形式延续了两千多年。人们只可在胎体上刻、划、印、堆、塑各种纹饰,但不可在釉面上添加任何别的色彩。按照现在釉瓷的分类,早期的瓷器应该叫作"单色瓷"或"颜色釉瓷"。不过,一开始只有青瓷一个品种而已。东汉以后,先后有了白瓷、黑瓷、褐瓷、绿瓷等素色瓷。唐代时虽然湖南铜官窑和河南邓窑等民窑烧制彩绘瓷,但瓷和彩绘的质量都较低下,因此没有产生足够大的影响。直到宋代磁州窑白釉黑花瓷的出现,以及元代景德镇窑青花、釉里红的烧造,才使瓷器以单色为美的传统定式开始被打破,人们的审美视野也逐渐开阔。到了明代,人们在陶醉于传承素洁清逸的青瓷、白瓷以及古朴淡雅的青花的同时,又把审美的触角向两极延伸:一方面,让彩绘瓷的颜色不断丰富,从清一色的黑花、青花、釉里红,到双色红绿彩,再到素三彩、五彩、珐琅彩、粉彩;另一方面,让釉瓷向单色回归,开辟新的单色瓷品种。这个时期,釉料配制和烧造技术已经有了较大的提高,不仅烧出过去从来没有过的颜色釉瓷新品种、历史上曾出现过的釉瓷,在釉色品质上也有较大的提升。

　　颜色釉瓷是指在陶瓷基础釉料中加入金属氧化物作着色剂,经过高温或低温焙烧以后,使釉层呈现出某种固有的色泽。颜色釉瓷大致可以分为青釉瓷、白釉瓷、黄釉瓷、红釉瓷、蓝釉瓷、绿釉瓷、黑褐釉瓷、杂色釉瓷、结晶釉瓷、窑变釉瓷等几大类。影响色釉呈色的主要因素是起着色剂作用的金属氧化物,此外还与釉料的组成、颗粒度大小、烧成温度以及烧制气氛有密切的关系。例如,在还原气氛条件下烧成时,釉料中加入适量的含有铁的着色剂便呈青色,加入适量的含有铜的着色剂便呈红色,加入适量的含有钴的着色剂便呈蓝色。

第一节　元代景德镇窑颜色釉

一、元代景德镇窑颜色釉概况

元代是景德镇陶瓷发展史上一个非常重要的时期。元代官府重视陶瓷生产,在天下初定时便设置了浮梁瓷局,专门为皇家烧造御用瓷器。元人尚白,以白为吉。在众多名窑中,景德镇窑生产的青白瓷赢得了元人的青睐。随着浮梁瓷局的设立,景德镇制瓷工艺高歌猛进。在制胎上,改变了过去的以单一瓷石制胎的方法,引入高岭土,形成二元配方。高岭土的引入提高了瓷胎中的铝含量,根据科技检测分析,元代瓷胎的 Al_2O_3 含量在 20% 以上,使制品的烧成温度范围变宽、变形减少,提高了成品率,能烧造出颇有气势的大器。同时瓷胎中 Al_2O_3 含量的增加和烧成温度的进一步升高,为各种高温颜色釉的出现创造了条件。元代景德镇窑在烧瓷品种上有许多发明创造,在颜色釉方面则突出表现为成功创烧高温钴蓝釉及高温铜红釉。这些成就为明、清两代景德镇颜色釉瓷的发展奠定了坚实的基础。

二、钴蓝釉

在我国古代陶瓷釉中,以钴作为着色元素最早见于唐代釉陶,但那是含铅的低温色釉,只有亮丽感,缺乏深沉色调。高温钴蓝釉则是元代景德镇窑的创新品种,是明代霁蓝釉的前身。由于高温钴蓝釉比高温铜红釉呈色稳定,容易烧造,故传世和出土的元代高温钴蓝釉器比高温铜红釉器多。器型有盘、碗、洗、梅瓶、爵杯等。在装饰上,或描以金彩,或饰以白龙、白凤纹等。

元代景德镇高温蓝釉所用着色剂——钴料属于进口钴土矿料,这是因为,元代景德镇高温蓝釉的钴含量为 0.47%,与元代景德镇至正型青花瓷所用色料的钴含量(平均为 0.65%)和非至正型青花瓷所用色料的钴含量(平均为 0.59%)相近,而元代景德镇至正型青花瓷和非至正型青花瓷所用着色剂均为进口钴土矿料。由于元代景德镇高温蓝釉与元青花(包括至正型青花和非至正型青花)一样,均以进口钴料为色料,因此在化学组成上,也具有与元青花色料相类似的高铁(Fe_2O_3 含量为 2.83%)、低锰(MnO 含量为 0.11%)的化学组成特征。尽管元代景德镇非至正型青花与至正型青花一样,都以进口钴土矿料为着色剂,但是景德镇非至正型青花出现在元代前期,当时人们尚未掌握其烧成工艺,因而发色不好。元代末期出现的至正型青花瓷,由于烧成工艺获得突破,成瓷后的青花料呈色青翠,光彩焕发。元代景德镇高温蓝釉蓝色娇艳、光泽莹润这一特征表明:元代景德镇高温蓝釉产生于元代末期。

图7-1　景德镇窑蓝釉白龙纹盘

景德镇窑蓝釉白龙纹盘,元代瓷器,高1.1 cm,口径16 cm,足径14 cm。盘折沿,浅壁,平底。通体内外施蓝釉,外底无釉。盘心平坦,在蓝釉地上以白色泥料塑贴一条矫健的白龙。龙细颈,三爪,做昂首翻腾状。此盘属于高温钴蓝釉瓷器。这种传世元代蓝釉白龙纹盘目前共有四件,除故宫博物院收藏的这一件以外,日本出光美术馆、大阪市立东洋陶瓷美术馆和英国伦敦大维德基金会各收藏一件。(图片源自故宫博物院官网)

三、铜红釉

用铜作为着色元素来美化陶瓷,始于汉代的铅绿釉。铜能使低温铅釉在氧化气氛中呈现绿色,还能使高温石灰碱釉在还原气氛中变成美丽的红色。以高温铜红釉美化瓷器始于唐代长沙窑,但当时只是偶然制作的。宋代的钧窑则把铜引入含铁的青釉中,成功地烧造出玫瑰紫、海棠红等铜红窑变釉,但它们不是通体纯然一色的红色釉。直到元代,景德镇制瓷工匠创烧出一种铜红釉的新品种,它是在已有的影青釉的基础上加入适量的含铜物质烧制成功的一种红釉。但铜易受气氛的影响而变价,在釉中容易扩散和少量熔解,在高温下容易挥发,致使铜红釉瓷的烧造难度很大。因此在元代的初创阶段,铜红釉产品质量低、产量少,釉色亦不够鲜亮,多呈偏暗的朱红色。

图 7-2　红釉暗刻云龙纹执壶

　　红釉暗刻云龙纹执壶,元代瓷器,高 12.5 cm,口径 3.5 cm,足径 5.3 cm。壶体呈梨形,直口,口以下渐丰,成下垂的圆腹。腹部一侧置弯流,另一侧置曲柄,圈足较高,微外撇,无款。附伞形盖,盖顶置宝珠形纽,盖一侧及壶口沿外侧各置一个小圆环系,以便系绳连接,防止壶盖脱落。通体满施红釉,腹部暗刻五爪云龙纹。此壶釉面匀净,釉色鲜艳,是元代红釉器中的珍品。壶身的龙细颈长嘴,形态生动,具有鲜明的时代特征。(图片源自故宫博物院官网)

第二节　明代景德镇窑颜色釉

　　明代景德镇窑可分为官窑与民窑两种:前者集合了当时最优秀的制瓷工匠,独占优质的制瓷原料和烧瓷用的燃料,有丰厚的资金做保证,一切按照宫廷的发样和要求,不惜工本,专烧宫廷御用品;后者所生产商品,虽产量巨大,但质量不及官窑瓷。所以评价明代景德镇的制瓷成就,多以官窑为准。明代颜色釉瓷,因其用途特殊,而且其生产一直被官窑垄断,不许民窑生产,故只能以官窑为主。明代景德镇的颜色釉是在元代的基础上发展起来的,制作工艺有明显的进步,产量、质量有较大的提高,釉色品种日益增多。从传世品及出土物看,有祭红釉、祭蓝釉、白釉、洒蓝釉、酱釉、回青釉、影青釉、仿龙泉釉、仿汝釉、仿官釉、仿哥釉、仿钧釉、黄釉、孔雀绿釉、茄皮紫釉、瓜皮绿釉、矾红釉等。特别是永乐时的甜白釉,永乐、宣德时的祭红釉、祭蓝釉,弘治时的娇黄釉,正德时的孔雀绿釉,嘉靖时的瓜皮绿釉,集中体现了明代景德镇颜色釉的烧造水平。

明代景德镇御器厂烧造的高温色釉比较重要的有永乐鲜红釉、宣德霁红釉、宣德霁蓝釉、嘉靖高温蓝釉、永乐甜白釉等。永乐鲜红釉明艳似初凝的鸡血;宣德霁红釉宝光四溢;宣德霁蓝釉光润肥厚;嘉靖高温蓝釉以回青为色料,蓝中微泛紫;永乐甜白釉晶莹似脂,温润如玉。

明代御器厂烧造的低温色釉比较重要的有矾红釉、娇黄釉、孔雀绿釉、法华釉等。嘉靖矾红釉红中发黑,如干枣之色;弘治娇黄釉颜色正黄,恬淡娇柔;正德官窑孔雀绿釉颜色浓重、青翠;嘉靖珐华釉别具一格。

一、铜红釉

明代景德镇颜色釉瓷器最突出的成就是永乐、宣德时期的高温铜红釉。由于这种红釉具有纯正、鲜艳的色调,后人就称之为"鲜红""宝石红";因为它色调庄严肃穆、深沉安定,被朝廷广泛用来装饰祭器,所以又有"祭红"之名。永乐时期的红釉器,釉厚如脂,晶莹鲜艳,犹如初凝的鸡血,这无疑是火候恰到好处的印证。清人蓝浦著的《景德镇陶录》中有永乐"以鲜红为宝"的评价。目前,我们所见到的永乐红釉器,虽无永乐年号款,但均为御器厂所制,是极为名贵的宫廷御用祭器。宣德朝的宝石红釉质量仍然很高,与永乐红釉瓷相比,胎稍厚,釉色不像永乐那样鲜明,但产量比永乐时期大,且不乏制作优良的精品。宣德宝石红瓷器胎质细腻、坚致,造型饱满多样,釉汁晶莹,似红色宝石,宝光四溢,给人以深沉的美感。许之衡所著《引流斋说瓷》中记载"至明宣德祭红,则为红色之极轨"。由于铜红釉对窑室温度、气氛的变化十分敏感,因此烧成难度较大,成品率很低。宣德以后,铜红釉制品就极少烧造,至嘉靖时已趋于没落。从存量较少的嘉靖铜红釉传世品中可见,其釉色已不鲜艳,色调发暗,红中泛黑。此时,以 Fe_2O_3 为着色剂的低温矾红釉瓷器大量出现。这种矾红釉瓷器一般要经过两次烧成,即高温烧成白瓷胎,涂抹矾红料后入窑低温焙烧成器,因而这一品种又被称为"抹红"。它的烧制技术相对容易,虽没有高温铜红釉纯正艳丽,但呈色稳定,容易烧成,一度取代铜红釉的地位。明代铜红釉烧造时间不长,传世品很少,因此,呈色好的产品就更加珍贵了。

图 7 - 3　明永乐鲜红釉印花云龙纹高足碗

　　鲜红釉印花云龙纹高足碗,明永乐瓷器,高 9.9 cm,口径 15.8 cm,足径 4.2 cm。碗撇口,弧腹,高圈足微外撇。碗外壁及足满施鲜艳的宝石红釉,内壁施白釉,有暗云龙纹装饰。碗心暗刻篆书"永乐年制"四字款。此碗造型秀美,鲜红釉纯净无瑕,亮丽匀净,为故宫博物院收藏的唯一带有永乐官窑年款的红釉器。(图片源自故宫博物院官网)

图 7 - 4　明宣德鲜红釉碗

　　鲜红釉碗,明宣德瓷器,高 8 cm,口径 18.9 cm,足径 8 cm。清宫旧藏。碗撇口,深腹,圈足。通体施红釉。圈足内施青白釉,外底署青花楷体"大明宣德年制"六字双行款,外围青花双线圈。红釉积釉处显现青灰色,最厚处气泡密集,这是宣德红

釉典型的时代特征。其色调深沉,不流釉、不脱釉,被称为"宣红"。(图片源自故宫博物院官网)

图7-5　矾红釉梨式执壶

矾红釉梨式执壶,明嘉靖瓷器,通高15 cm,口径3.7 cm,足径6.2 cm。壶身呈梨形,直口,溜肩,垂腹,圈足。壶身两侧各置曲柄和弯流。柄上部置一圆系,可供系绳以防盖脱落。附伞形盖,盖顶置宝珠形纽。通体施矾红釉,釉色红中泛黄,色调温润柔和。壶腹釉下隐约可见以青花料描绘的云鹤纹。圈足内施白釉。外底署青花楷体"大明嘉靖年制"六字双行款,外围青花双线圈。(图片源自故宫博物院官网)

表7-1列出了明、清不同时期的祭红釉瓷的成分,可以看出:永乐与宣德祭红釉瓷胎的化学组成基本相同;而清代的雍正祭红和清代郎窑红瓷胎的成分与明代铜红釉瓷胎稍有差别。雍正祭红瓷胎的含硅量、含钾量、含钠量高于明代永乐祭红瓷胎。清代郎窑红瓷胎的含铝量高于明代铜红釉瓷胎。这表明雍正红釉瓷胎配入胎中的高岭土量略少于明代,而郎窑红瓷胎配入胎中的高岭土量多于明代。明代祭红釉的 CaO 含量为6%~8%,SiO_2 含量亦高,而清代祭红釉和郎窑红釉的 CaO 含量约为明代红釉中含量的2倍,为10%~14%,而其 $(KNa)_2O$ 含量则低。这表明清代红釉中配入釉灰的量高于明代红釉;同时也表明清代祭红釉的配方不是由明代传下来的,而是清代陶工们重新通过实践创造出来的;也说明明代晚期有一段不连续的失传时期是可信的。

表 7 - 1　明、清祭红釉瓷胎、釉的化学组成

样品		SiO$_2$	Al$_2$O$_3$	CaO	MgO	K$_2$O	Na$_2$O	TiO$_2$	Fe$_2$O$_3$	CuO
永乐祭红	胎	75.18	20.41	0.18	0.18	2.60	0.68	0	0.82	0
	釉	70.07	14.56	7.83	0.34	4.61	2.04	0	0.82	0.28
宣德祭红	胎	74.45	20.29	0.07	0.22	3.08	0.81	0	0.97	0
	釉	70.56	13.20	6.57	0.41	5.38	2.32	0	0.71	0.42
万历祭红釉		68.47	13.91	10.26	0.20	3.52	2.72	0.04	0.84	0.16
康熙祭红釉		63.26	16.11	13.23	0.23	2.63	3.19	0.05	1.21	0.58
雍正祭红	胎	78.09	20.17	0.12	0.13	2.91	2.54	0	0.96	0
	釉	62.54	15.54	13.85	0.29	2.35	3.01	0	1.09	0.58

（摘自李家治的《中国科学技术史·陶瓷卷》。）

高温铜红釉瓷器是在生坯上挂釉后入窑经 1250 ℃ ~ 1280 ℃ 的温度一次烧成的。由于高温状态下铜离子的发色对温度和气氛非常敏感，铜红釉高温熔融后黏度较大，烧成温度范围较窄，故成品率极低。从配方看，铜红釉中 CuO 的含量极低，只有 0.3% ~ 0.5%，说明铜的着色能力很强，要想得到美丽的红色，最重要的取决于烧成阶段，需用还原焰（产生 CO）将釉中游离的金属铜，变成胶体状态的亚铜盐，使其均匀地扩散到釉中。当然，这种还原程度必须恰到好处，否则会功亏一篑。正是由于烧成难度大，当时的瓷工们为了烧制出高质量的作品将红宝石、玛瑙等贵重物品配入釉中也在所不惜。1982 年 11 月，景德镇有关部门在珠山路中段铺设管道时，发现宣德官窑遗迹一处，永乐官窑瓷器碎片堆积两处，宣德官窑瓷器碎片堆积四处（参见《景德镇明永乐、宣德遗存》，载《中国陶瓷》1982 年第 7 辑《古陶瓷研究》专辑）。这些碎片堆积都是被砸碎的不合格御器，依照规定，除了皇帝赏赐之外，臣庶不得擅用御器。因此，这些不合格品在丢弃前都要摔破，以防流入民间。在这些碎片中，宣德产品占多数，可见宣德朝宫廷对鲜红釉瓷的需求是何等急切。前几年，景德镇珠山明代御器厂遗址曾出土一件宣德鲜红釉盘，盘内红釉鲜明、艳丽，外壁红釉却浅淡中泛苹果绿，同一件器物上相邻部位的釉色差异竟如此之大，由此可见鲜红釉瓷烧造难度之大。物以稀为贵，这是永乐、宣德鲜红釉瓷器贵重的主要原因。表 7 - 2 列出了永乐、宣德时期红釉瓷胎、釉的化学组成。

表7-2　永乐、宣德时期的红釉瓷胎、釉的化学组成

样品	SiO_2	Al_2O_3	Fe_2O_3	CaO	MgO	K_2O	Na_2O	CuO	总量
永乐鲜红瓷(胎)	75.18	20.41	0.82	0.13	0.18	2.00	0.68		100.00
永乐鲜红瓷(釉)	70.07	13.56	0.82	7.83	0.34	4.61	2.04	0.35	99.55
宣德鲜红瓷(胎)	74.45	20.29	0.97	0.07	0.22	3.08	0.81		99.79
宣德鲜红瓷(釉)	70.56	13.20	13.20	6.57	0.41	5.38	2.32	0.42	99.50

二、祭蓝釉

祭蓝釉是一种氧化钴(CoO)含量为2%左右的高温石灰碱釉,系生坯挂釉后,入窑在1280 ℃～1300 ℃的高温下一次烧成的著名色釉。其特点与鲜红釉相似,釉面不流、不裂,色调均匀一致,釉层肥厚,深沉凝重。高温状态下釉层熔融垂流,致使器物口沿釉层变薄,显露白色胎骨,形成一线醒目的白边,俗称"灯草口",而近足处釉层堆积,呈色蓝中泛紫褐。

图7-6　明宣德祭蓝釉白花鱼莲纹盘

祭蓝釉白花鱼莲纹盘,明宣德瓷器,高4.0 cm,口径19.2 cm,足径12.7 cm。清宫旧藏。盘敞口,弧壁,圈足。内底及外壁均以白泥描绘鱼戏荷莲图案。足内施青白色釉,外底署青花楷书"大明宣德年制"六字双行款,外围青花双线圈。蓝釉白花瓷器是元代景德镇窑的创新品种,蓝白色对比鲜明,具有较好的装饰效果。明代宣德时的景德镇窑将这一装饰品种加以发展,图案刻画更加细腻,造型品种及装饰题材亦大为增多。(图片源自故宫博物院官网)

图7-7　明弘治祭蓝釉金彩牛纹双系罐

祭蓝釉金彩牛纹双系罐,明弘治瓷器,高32.2 cm,口径16.5 cm,足径18.5 cm。罐广口,短颈,溜肩,肩以下渐收,近底处微外撇,浅圈足。肩部对称置双耳。内施白釉。外壁通体祭蓝釉地上描金彩装饰,口沿边、肩部、腹下和胫部各画双弦纹,腹部绘二牛,双耳的轮廓线亦描金彩。圈足内无釉,露胎,无款识。(图片源自故宫博物院官网)

图7-8　明嘉靖霁蓝釉梅瓶

　　霁蓝釉梅瓶，明嘉靖瓷器，高 27.4 cm，口径 3.8 cm，足径 8.6 cm。瓶小口、短颈、丰肩，肩以下渐广至腹部内敛，圈足。通体施高温霁蓝釉，近底处由于积釉较厚呈紫黑色。足内无釉，露胎。此瓶造型端庄古朴，釉色浓重、匀净、深沉，釉面莹润，是明嘉靖蓝釉瓷中的精品。（图片源自故宫博物院官网）

　　如前述，唐代已有用钴着色的三彩陶器，它属含铅的低温色釉。钴作为色料用于高温石灰碱釉的着色是元代景德镇窑的创新之举。传世和出土的元代蓝釉器多描金彩。另有一种是蓝釉经剔花后填以白釉，制成的蓝釉剔花瓷。采用类似于铜红釉剔花装饰的工艺方法制作的器皿有蓝釉白龙梅瓶、蓝釉白龙小盘等，在沉着的蓝釉上填以神态生动的白龙，显得衬度很高，引人注目。入明以后，蓝釉瓷烧造渐多，特别是宣德年间，蓝釉瓷作为上品，釉色均匀一致，无裂纹和流釉缺陷，烧制比较稳定。宣德蓝釉瓷常有刻、印之暗花；嘉靖蓝釉瓷多以划花装饰；至清代康熙时期，除烧制祭蓝釉外，还烧制天蓝釉和洒蓝釉。天蓝釉是加入的色料少而形成的淡天蓝色釉，色彩幽雅、悦目。洒蓝釉乃是将蓝釉吹在胎上，盖以面釉制成的。由于吹滴不均匀、分散，堆积烧成后形成浅蓝釉中分散着深蓝洒滴的效果。洒蓝釉亦称雪花釉，出现于宣德时期，至康熙才成熟和生产较多。祭蓝釉和洒蓝釉常常以描金装饰，给人以富丽之感。描金釉清代历朝都有生产，常为人们所喜爱。古代蓝釉所用色料与青花瓷所用色料相同，钴矿中除含 CoO 外，还含有一定比例的 Fe_2O_3 和 MnO，三者混合着色形成深沉的蓝色，而不像单用 CoO 形成的妖艳蓝色。

表 7-3　元、明时期蓝釉瓷的化学组成

样品	SiO_2	Al_2O_3	CaO	MgO	K_2O	Na_2O	TiO_2	Fe_2O_3	CoO	MnO
元代蓝釉	66.75	14.79	6.98	0.36	4.39	2.68	0.06	2.83	0.47	0.11
宣德蓝釉	64.52	15.83	5.28	0.25	4.62	2.76	0.06	0.98	0.55	4.29
嘉靖蓝釉瓷胎	69.35	23.89	0.19	0.10	2.84	2.42	0.02	0.67	0.23	0.12
嘉靖蓝釉瓷釉	66.94	13.22	8.20	0.24	2.42	2.64	0.01	1.00	0.55	2.97

　　由表 7-3 可知，元代蓝釉和明代宣德和嘉靖蓝釉瓷釉中的含钴量接近，都为 0.5% 左右。但元代蓝釉铁高、锰低，这与元青花瓷所用色料的特征相同：用高铁、低锰的钴矿作为色料。一般景德镇白釉的 Fe_2O_3 含量在 0.5% 和 1.0% 之间，故蓝釉中的 Fe_2O_3 含量为 1% 可能是基釉原料带入的，因此色料带入的釉配方中的 Fe_2O_3 很低。经计算，宣德蓝釉的 MnO 与 CoO 之比为 7.8，嘉靖蓝釉的

MnO 与 CoO 之比为 5.4,由此可以判断宣德和嘉靖两种祭蓝釉所使用的色料是钴土矿。这与青花使用的色料是相同的。

三、黄釉

我国传统低温黄釉是一种以 Fe_2O_3 为着色剂、以 PbO 为助熔剂的颜色釉。从汉代开始,历代多有烧造。但明代以前的低温黄釉均施于陶胎上,且色调多为黄褐色或深黄色。明代景德镇生产的低温黄釉器则为瓷胎上挂釉,呈色深浅虽略有不同,但基本上接近明黄色。自洪武年间至万历年间,其生产从未间断。从传世品和出土物看,宣德、成化时的黄釉瓷已很精致,但弘治、正德时期的黄釉瓷受到的评价最高。特别是弘治黄釉,颜色纯正,色调均匀一致,釉面平整,犹如涂抹的鸡油,恬淡娇嫩、清澈明亮,达到历史上最高水平。

图 7-9　明弘治黄釉金彩牺耳罐

黄釉金彩牺耳罐,明弘治瓷器,高 32.0 cm,口径 19.0 cm,足径 17.5 cm。罐广口,短颈,溜肩,腹部上丰下敛,平底,肩两侧置对称牛头形耳。罐内施白釉,外施黄釉。外壁自上而下饰金彩弦纹九道。底素胎无釉。低温黄釉器创烧于明初景德镇官窑,以后各朝多有制作,但以弘治朝产品最受人称道,其烧制水平达到了历史上低温黄釉的最高水平。(图片源自故宫博物院官网)

明代弘治以前的黄釉瓷,所用胎体多为经过素烧而未上釉的涩胎,施釉时采用蘸釉法。烧成时作为着色剂的 FeO 细颗粒虽然均匀地分布在釉中,但是色釉是直接施加在无釉的涩胎上的,因而降低了釉色的亮度和鲜艳度,烧成后不是真正的黄色,多数为褐黄色或深黄色。明代弘治黄釉是把低温釉浆涂在已经玻化的瓷胎的透明白釉表面,这样就出现了底釉和面釉结构。采用底釉上再施面釉的工艺有助于提高釉面质量。化学分析的结果表明,这层面釉的主要成分为 FeO 和 PbO,其比值约为 $1:9$。处于面釉层上部的黄釉,在洁白透明的底釉衬托下不仅呈色正黄,色调均匀,釉面平整,而且光泽好,透明度也很高。景德镇陶工利用这一特点,还往往在瓷胎上刻出花纹图案,然后浇上黄釉,烧成后图案在黄釉层下隐现出来,具有独特的艺术效果。

四、明代景德镇仿古颜色釉

明代景德镇设立了御器厂,集天下陶瓷烧造的能工巧匠,引导并推动了包括民窑在内的整个制瓷业的生产,呈现了官民互市的景象。景德镇窑集天下之大成,无窑不仿。有仿龙泉釉,仿汝、官、哥釉,仿钧釉,其中的杰出代表是仿龙泉青釉。鉴于龙泉青釉的品质、特色和影响,一般出于商业活动中的市场需求、对外贸易中订货、朝廷赏赐、交换等原因,景德镇窑从造型、釉色、纹饰等方面加以仿制,力求乱真。虽然永乐时期景德镇仿龙泉青釉已达到较高水平,但直至清代雍正时期才算成功地掌握了青釉的烧制技术。

图 7-10 明宣德仿汝釉盘

仿汝釉盘,明宣德瓷器,高 4.2 cm,口径 17.6 cm,足径 11.0 cm。清宫旧藏。盘撇口,弧腹,圈足。通体及足内均施仿汝釉,釉色灰青闪蓝,满布细碎的纹片,对光斜视,可见釉面泛起橘皮纹。外底署青花楷体"大明宣德年制"六字双行款,外围青花双线圈。明代仿宋官窑器一般只注重仿宋器的釉色而不太注重仿其造型,故少有乱真之作。如此盘除釉色貌似宋汝窑器外,其造型和款识都显示出宣德官窑瓷器的特征。明代仿汝釉瓷仅见于宣德官窑。(图片源自故宫博物院官网)

　　明代景德镇仿龙泉釉按釉色大致可分为两种:一种是永乐时的翠青釉;另一种是始自永乐,以后各朝多有烧造的冬青釉。翠青釉是永乐仿龙泉釉中呈色较浅的一种,为永乐时所新创,并为永乐时所独有。因其色泽光润,青嫩如翠竹而得名。翠青釉的玻璃质感较强,釉中隐含密集的小气泡,修胎规整,通体素面无纹饰。因高温熔融状态下釉汁垂流,器物上部呈色略显淡雅,下部稍浓重。常见的器型有盖罐和盘、碗等。盖罐的肩部常置三或四个圆环系,也有无系的。罐内及外底施白釉,圈足,无款,时代特征鲜明。冬青釉是明代仿龙泉釉中呈色较深的一种,创始于永乐时期,以后各朝多有烧造。其特点是青中闪绿,苍翠欲滴。永乐时期冬青釉瓷器釉层肥厚,分散有许多的小气泡。有光素器,亦有饰以刻花装饰者。器型有罐、碗、高足碗等。

图 7 - 11　明永乐翠青釉三系盖罐

　　翠青釉三系盖罐,明永乐瓷器,高 10.4 cm,口径 9.9 cm,足径 14.1 cm。罐直口,扁腹,圈足。肩部有三个环形小系,系下凸起海棠托饰,花瓣上有横线纹。罐内及足内施青白釉,外施翠青釉。直口盖合于罐口。此罐制作规整,胎体细腻,釉色青翠。(图片源自故宫博物院官网)

　　表 7 - 4、7 - 5 是利用能量色散 X 射线荧光光谱仪器(EDXRF)对宋、元、明时期的龙泉瓷和明代景德镇仿龙泉瓷的胎、釉进行化学组成分析的结果。

表7-4　明代景德镇仿龙泉青瓷与龙泉青瓷胎的化学组成

样品	SiO$_2$	Al$_2$O$_3$	CaO	MgO	K$_2$O	Na$_2$O	Fe$_2$O$_3$	TiO$_2$
FLQ-M-1	71.99	19.61	0.31	0.38	4.84	0.62	1.18	0.07
FLQ-M-2	70.09	21.19	0.49	0.47	4.98	0.57	1.12	0.09
FLQ-M-3	74.70	18.60	0.43	0.19	3.47	0.49	1.07	0.06
FLQ-M-4	74.19	18.01	0.27	0.30	4.01	0.89	1.23	0.09
LQ-BS-1	73.26	18.34	0.14	0.26	5.11	0.03	1.74	0.12
LQ-BS-2	65.20	24.47	0.17	0.31	6.16	0.71	1.89	0.09
LQ-NS-1	64.58	25.13	0.17	0.36	6.56	0.03	2.11	0.07
LQ-NS-2	66.31	22.81	0.20	0.55	5.59	0.24	3.11	0.18
LQ-Y-1	65.09	25.00	0.18	0.37	6.17	0.30	1.83	0.07
LQ-Y-2	65.37	25.15	0.12	0.32	5.34	0.50	2.10	0.10
LQ-M-1	67.86	23.25	0.14	0.18	5.37	0.18	1.92	0.11
LQ-M-2	69.03	22.09	0.17	0.18	5.17	0.42	1.86	0.07

表7-5　明代景德镇仿龙泉青瓷釉与龙泉青瓷釉的化学组成

样品	SiO$_2$	Al$_2$O$_3$	CaO	MgO	K$_2$O	Na$_2$O	Fe$_2$O$_3$	TiO$_2$
FLQ-M-1	74.41	11.42	5.34	0.07	5.70	0.97	1.04	0.05
FLQ-M-2	68.79	12.96	8.88	0.47	4.85	1.46	1.49	0.11
FLQ-M-3	69.90	13.64	8.43	0.23	4.46	1.05	1.22	0.07
FLQ-M-4	67.24	12.42	12.86	0.41	4.29	0.14	1.58	0.06
LQ-BS-1	68.65	14.76	10.46	0.52	3.63	0.28	0.64	0.07
LQ-BS-2	65.53	13.76	13.69	0.97	3.57	0.34	1.07	0.06
LQ-NS-1	72.24	12.83	6.92	0.53	5.03	0.20	1.18	0.07
LQ-NS-2	70.06	13.61	9.14	0.57	4.70	0.19	0.66	0.07
LQ-Y-1	71.59	12.93	6.99	0.50	5.50	0.25	1.18	0.06
LQ-Y-2	74.95	11.33	5.37	0.32	5.87	0.11	0.96	0.09
LQ-M-1	68.66	13.55	6.91	1.32	6.41	0.03	2.00	0.11
LQ-M-2	72.77	13.56	4.12	0.47	6.54	0.37	1.09	0.08

注:FLQ-M 为明代景德镇仿龙泉青瓷,LQ-BS 为北宋龙泉青瓷,LQ-NS 为南宋龙泉青瓷,LQ-Y 为元代龙泉青瓷,LQ-M 为明代龙泉青瓷。

由表 7 - 4 可见,明代景德镇仿龙泉青瓷胎与龙泉青瓷胎的组成配方有明显的区别。其中,景德镇仿龙泉青瓷胎中的 Al_2O_3 含量(约 19.35%)比龙泉青瓷(约 22.72%)低,而 SiO_2 含量(约 72.74%)比龙泉青瓷(约 68.45%)高。景德镇仿龙泉青瓷胎基本处于高硅低熔剂区,而龙泉青瓷胎处于低硅低熔剂区。可见景德镇仿龙泉青瓷胎体烧结所需的烧成温度低于龙泉青瓷。龙泉青瓷胎中铁、钛的含量普遍比景德镇仿龙泉青瓷胎高。龙泉青瓷釉面特征大致可分为两类:一类是以北宋龙泉青瓷为代表的光泽度较强的透明釉;另一类是以南宋龙泉青瓷为代表的玉质感釉。景德镇仿龙泉青瓷也有类似特征。由表 7 - 5 可见:北宋龙泉青瓷釉中的 CaO 含量(约 12.08%)明显高于明代景德镇龙泉青瓷(约 5.52%)以及其他年代的龙泉青瓷;R_2O 明显偏低,仅为 4.48%;北宋青瓷釉中 P_2O_5 含量(约 975 μg/g)明显高于其他年代的龙泉青瓷,可以推断北宋青瓷釉中的助熔剂主要是以草木灰为主。从样品的外观效果可以看出,北宋龙泉青瓷釉面光泽度很强,多透明,能非常清晰地看到坯上刻、划花纹,有部分吸烟现象。南宋至明代,龙泉青瓷的 RO 含量明显提高,CaO 含量适当降低。至明代,RO 含量达最高(约 6.56%),CaO 含量为 5.85%,完成了龙泉青瓷从石灰釉到石灰碱釉的转变。而明代景德镇仿龙泉青瓷釉大致可分为三类,从测试结果得知,景德镇仿龙泉青瓷釉中的 CaO 含量变化范围较大,在 4.12% 和 12.86%之间,K_2O 含量和 Na_2O 含量之和的变化范围在 4.43% 和 7.09% 之间。K_2O 的适当增加可降低釉的熔融温度,拓宽熔融温度范围,并增加高温黏度,使釉层中存在较多的气泡和未熔石英,从而提高青釉的玉质感。同时,玉质感较强的青瓷的烧成温度多半处于正烧温度下限。烧成温度进入了过烧温度范围,釉则会显得透明,表面光亮,失去玉质感。

第三节　清代景德镇窑颜色釉

公元 1644 年,清兵入关,建立了统一的、多民族的清朝。清代的景德镇仍是全国的制瓷中心。康熙初期,由于明末以来战乱的影响,社会生产力遭到严重破坏,景德镇的制瓷业也一度萎靡不振。康熙中叶至乾隆中叶,社会经济呈现前所未有的繁荣局面,景德镇的瓷业生产也随着这一盛世的到来而步入黄金时代。其瓷窑结构之合理、生产规模之大、品质之精、造型之多样、釉彩之丰富、销路之广,堪称空前绝后。清代景德镇窑虽也分为官窑、民窑两种,但清代统治者吸取了明代的教训,对瓷器生产制度和管理措施进行了一系列改革,最突出的是废除了明代官窑的"编役制",而采取以金钱雇佣劳动力的方式;取消了明代限制民窑瓷器生产的种种禁令,将明末出现的"官搭民烧"的办法作为固定制度。这种办法是将一定数量的御窑厂制品放入民窑中最好的窑位搭烧,如果烧坏了就要赔偿,虽仍有盘剥的性质,但大大刺激了民窑的发展,出现了官民竞市的局面。康熙年间,御器烧造步入繁荣时期。雍正四年至乾隆二十一年(公元1726年到1756年)为清代御窑的鼎盛时期。清代御窑的繁荣昌盛与其比较先进的管理制度有关。清代郎窑为康熙四十四年至康熙五十年间(公元1705年到1711年)江西巡抚郎廷极主持的一座私家窑。清代景德镇烧造的高温色釉主要有青釉、郎窑红釉、桃花片釉、祭红釉、洒蓝釉、天蓝釉、青金蓝釉、茶叶末釉、窑变花釉等。低温色釉主要有胭脂水釉、炉钧翡翠釉、钧红釉、黄釉、孔雀绿釉、金釉、银釉和素三彩釉等。

一、红釉瓷

郎窑红釉属高温铜红釉,为清代康熙年间郎窑首创,它在外观上同明代永乐、宣德和清代的祭红釉差别很大。康熙郎窑红釉有两种:一种是单层釉;另一种是双层釉。单层釉器物施釉较薄,开有细片纹,琢器口沿处的釉面在高温熔融下往往垂流,使器口显露胎骨,并使器物上半部为浅红色或淡青色。釉面接近露胎处,一般呈白色或米黄色。双层釉器物,釉质凝厚,釉面匀净,无垂流,多开有纹路较深的片纹,釉色浓淡不一:深色红艳,浓者泛黑,兼有黑色小点与酱色斑点和纹路;浅色粉红如桃花。康熙郎窑红瓷内釉为白色或米黄色,或微泛青色,开有片纹。器身黑褐色的垂釉多不过底足旋削线,俗称"郎不流"。康熙郎窑红器口和足部,涂施一层厚而含粉质的白釉或浆白釉。康熙郎窑红器型多为瓶、碗、盘、盂。表7-6所列为康熙郎窑红瓷胎、釉的化学组成。

表 7-6　康熙郎窑红瓷器胎、釉的化学组成

样品	SiO$_2$	Al$_2$O$_3$	Fe$_2$O$_3$	CaO	MgO	K$_2$O	Na$_2$O	CuO
胎	66.97	24.70	0.91	0.53	0.11	2.54	1.96	0
釉	68.29	14.18	0.98	10.06	0.50	2.52	2.80	0.24

(摘自郭演仪的《古代景德镇瓷器胎釉》。)

图 7 – 12　清康熙郎窑红釉观音瓶

　　郎窑红釉观音瓶,清康熙瓷器,高 45.5 cm,口径 12.7 cm,足径 14.4 cm。瓶撇口,短颈,圆肩,长敛腹。近足处外撇,圈足。外施红釉,里口和底部施苹果绿釉。无款识。此器风格朴实,造型端庄、规整,釉色红艳光亮,是清康熙时郎窑红釉瓷的典型作品。

　　清代的祭红有别于郎窑红的浓艳透亮,也不同于豇豆红的淡雅柔润,是一种失透、深沉的红釉,呈色均匀,釉如橘皮。官窑器有康熙传世品,相对较少见,在雍正、乾隆两朝,其产量很大,质量很高,以后日趋衰退。据《钦定大清会典则例》记载:"祭器用陶必辨其色。"在多彩多姿的清代单色釉品种中,只有青、黄、白、红、蓝为主色的单色釉可以用作祭器。"圜丘、祈谷、常雩色用青。方泽色用黄,日坛用赤,月坛用白,社稷、先农用黄。"当时规定天坛用青釉瓷,地坛用黄釉瓷,日坛用红釉瓷,月坛用白釉瓷。祭器的色泽需与祭典主题相符合,还要与皇帝、官员、乐手们的服装相一致,用以烘托隆重的气氛。其中日坛主红,所用祭器多为祭红。清代祭红釉,红色安定、沉稳,均匀而细腻,不流淌、不脱口,精光内敛,是我国古代颜色釉瓷的优秀代表,具有非常高的研究价值。

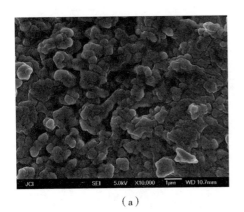
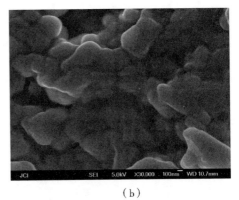

（a）   （b）

图7－13 扫描电镜下的康熙祭红釉层

（a）   （b）

图7－14 扫描电镜下的康熙祭红胎釉中间层

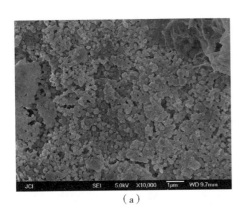

（a）   （b）

图7－15 扫描电镜下的雍正祭红釉层

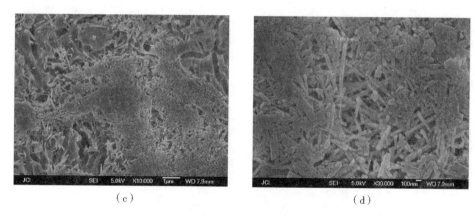

（c）　　　　　　　　　　　　（d）

图 7 - 16　扫描电镜下的雍正祭红釉中间层

（a）　　　　　　　　　　　　（b）

图 7 - 17　扫描电镜下的乾隆祭红釉层

　　图 7 - 13 到图 7 - 17 为康熙、雍正、乾隆祭红釉瓷样品的 SEM 照片。从图中可知,清代祭红釉的釉层应当由主玻璃相、大量的分相液相以及少量的气孔三相构成,其胎釉中间层有晶体析出。为了进一步了解其内部结构,实验人员用高倍镜观察其不同部位的微观结构。如图 7 - 13(a)(b)所示分别为 10000和 30000 倍釉层中的液相。从图中看出,腐蚀后玻璃相残留许多小孔洞,其周围的液滴尺寸非常小,且分布均匀。图 7 - 14(a)(b)为样品胎釉中间层的晶体外观形貌。康熙、雍正、乾隆祭红釉瓷样品釉层中间部位均有平均尺寸大致在100 nm 和 200 nm 之间的孤立小液滴,分相小液滴多呈球状,靠近胎釉结合处可以看见大量的针状物。通过扫描电镜和能谱分析,可确定清代祭红釉是一种分相—析晶釉。

图 7-18 清康熙祭红釉笔筒

祭红釉笔筒,清康熙瓷器,高 16.7 cm,口径 18.5 cm,足径 16.3 cm。笔筒撇口,斜壁,足微外撇,台阶底,浅圈足。通体施霁红釉,口沿处釉薄,透出白色胎骨。近足处凸起两道弦纹,微透白色胎骨。圈足内施白釉。无款识。此件笔筒胎体坚硬、细密,浓重的红釉与口、足部的白色胎骨相互衬托,避免了色彩的单一,别有一番情趣。笔筒上、下端均外撇,不同于一般的直筒形笔筒,反映出康熙时器物造型的多样性。(图片源自故宫博物院官网)

图 7-19 清雍正祭红釉胆式瓶

祭红釉胆式瓶,清雍正瓷器,高 27.8 cm,口径 3.5 cm,足径 8.0 cm。瓶直口,细长颈,削肩,鼓腹,圈足。因形似悬胆,故名"胆式瓶"。通体施高温铜红釉,釉面匀净,色泽纯正。圈足内施白釉。外底署青花楷书"大清雍正年制"双行六字款,外围青花双圈。(图片源自故宫博物院官网)

低温铁红釉是指以 Fe_2O_3 为着色剂的低温红釉,系 Fe_2O_3 悬浊体着色。它是以青矾($FeSO_4 \cdot 7H_2O$)为基本原料,经煅烧、漂洗后配以铅粉等原料制成的,故又称"矾红",也有人取"矾"字的谐音字"翻"而写成"翻红"。青矾炼红又叫"生红"。根据文献记载,清代景德镇矾红釉是以 14% 的生红和 86% 的铅粉配制而成的,铅粉作助熔剂。矾红釉中还要加入适量的牛胶,以增加釉的附着能力。矾红釉不能直接用天然的 Fe_2O_3 或人工生产的 Fe_2O_3 来制备,因为这种 Fe_2O_3 即使经过研磨也很难达到所要求的细度;而用青矾煅烧分解制得的 Fe_2O_3,颗粒细,活性大,易于发色。矾红釉的烧成温度一般为 900 ℃ 左右,其最大的特点是呈色稳定。矾红釉的呈色与原料的细度、烧成温度、烧成时间有密切的关系。料越细,色调越鲜艳;烧成温度和时间掌握得当,能得到鲜艳的红色。若温度过高或烧成时间过长,则会使部分 Fe_2O_3 渗入胎或釉中,使红釉的色调闪黄。另外,矾红釉的施釉方法较多,归纳起来有抹、吹、拍、拓等。因此,人们根据其呈色和施釉工艺的不同,将矾红釉分为抹红、珊瑚红两大类。抹红创烧于明代,因它是以刷子将釉料涂抹在器物上,故名。抹红的釉层较薄,且多不均匀,常可见到刷痕,但色泽清丽、温润。康、雍、乾时期的抹红釉有盘、碗、瓶、盒等。

珊瑚红釉始烧于清代康熙年间,雍正、乾隆时盛行。它是将低温铁红釉吹在白釉上,烧成后,釉色均匀,釉面光润,其呈色红中闪黄,可与天然红珊瑚之色相媲美。一般要经过数次喷吹,使釉层达到一定的厚度,然后放入窑炉中经低温烘烤才可烧成。康、雍、乾时期的珊瑚红釉瓷器的造型有盘、碗、瓶、炉等。外底多施白釉,有的署青花六字年款,有的无款。珊瑚红釉还常用作色地,或描金装饰,或绘以珐琅彩、粉彩等。北京故宫博物院收藏的雍正珊瑚红地粉彩牡丹纹贯耳瓶以及首都博物馆收藏的雍正珊瑚红地珐琅彩花鸟纹瓶,就是这类瓷器的代表。

二、蓝釉瓷

清代蓝釉瓷的生产始于顺治时,但传世品少见。作为宫廷祭祀用瓷,至清代康熙、雍正、乾隆时,霁蓝釉的生产有了很大的发展,器型多种多样,有各种瓶、壶、尊、罐、盆、洗、盘、碗、簋、豆等。外底多施白釉,有的署官窑年款,有的则不署。康熙、雍正的霁蓝釉器所署年款一般为本朝青花楷书六字双行款,外围青花双圈,或篆书六字三行款;乾隆霁蓝釉器所署年款一般为青花篆书六字三行款或四字双行款,乾隆霁蓝釉描金器有在外底以红彩篆书六字三行官窑年款的。康熙仿宣德霁蓝釉白鱼莲纹盘,则在外底以青花料楷书"大明宣德年制"六字双行款,外围青花双圈。

　　霁蓝釉又称"祭蓝釉""积蓝釉""蓝釉""宝石蓝釉"等,也有称为"霁青釉"的,这是古人对青、蓝、绿的概念不是很清楚造成的。正如民国初年许之衡在《饮流斋说瓷》中所云:"古瓷尚青,凡绿也,蓝也,皆以青括之。"刘子芬在《竹园陶说》中亦云:"青色一种,常与蓝色相混。"

图 7-20　清雍正霁蓝釉小杯

　　霁蓝釉小杯,清雍正瓷器,口径7.2 cm,足径2.9 cm,高3.7 cm。杯口外撇,弧壁,圈足。杯内施白釉,外施霁蓝釉。足底青花双圈内书"大清雍正年制"双行六字楷书款。(图片源自故宫博物院官网)

　　霁蓝釉属于高温石灰碱釉,以氧化钴(CoO)作呈色剂,其含量为2%左右。霁蓝釉系生坯挂釉,入窑经1280 ℃~1300 ℃的高温一次烧成的,其工艺、器物造型与霁红釉相似,特点是釉面不流、不裂,釉色浓淡均匀,呈色稳定。霁蓝釉创烧于元代的景德镇窑,明代宣德年间与霁红釉、甜白釉并列,为当时所产颜色釉的上品。霁蓝釉除光素无纹的以外,常以描金、刻花、印花及划花进行装饰。

表7-7　乾隆到光绪的祭蓝釉瓷胎的化学组成

样品	Na$_2$O	MgO	Al$_2$O$_3$	SiO$_2$	K$_2$O	CaO	TiO$_2$	Fe$_2$O$_3$	CoO
QL	2.06	0.12	21.76	69.94	3.22	0.70	0.06	1.13	5.46
JQ	1.01	0.11	29.12	63.19	3.91	0.68	0.04	0.93	3.69
DG	1.27	0.16	24.53	68.67	2.78	0.76	0.02	0.81	4.76
GX	1.29	0.27	21.90	70.84	3.50	0.21	0.08	0.91	5.50

表7-8　乾隆到光绪的祭蓝釉瓷釉的化学组成

样品	Na$_2$O	MgO	Al$_2$O$_3$	SiO$_2$	K$_2$O	CaO	TiO$_2$	Fe$_2$O$_3$	CoO	MnO
QL	2.30	0.17	12.96	71.47	2.64	7.93	0.06	0.79	0.38	1.30
JQ	1.65	0.12	13.65	71.85	4.08	5.85	0.04	0.99	0.42	1.35
DG	1.44	0.18	13.23	72.69	3.39	7.11	0.06	0.95	0.23	0.72
GX	1.88	0.24	15.40	68.86	3.82	7.82	0.05	0.84	0.41	0.69

注:QL 为乾隆时期,JQ 为嘉庆时期,DG 为道光时期,GX 为光绪时期。

由分析结果可以看出,清代不同时期的官窑霁蓝釉瓷胎元素组成变化不大,如 Al$_2$O$_3$ 含量在 20% 和 30% 之间,而 SiO$_2$ 含量基本介于 63% 和 71%,K$_2$O和 Na$_2$O 总含量为 4% 左右,CaO 和 MgO 的含量较低,与清景德镇官窑生产的其他类别的陶瓷胎体的组成特征相似,具有我国南方古代瓷器高硅、低铝的典型特征。胎体配方应属以瓷石和高岭土为主要原料的二元体系。从表7-8中明、清时期的官窑霁蓝釉的化学组成分析结果可知,不同时期的霁蓝釉的化学组成基本特征相似。釉中的 CaO 含量较高,基本在 5% 和 8% 之间,K$_2$O 和Na$_2$O 的总量在 5% 左右,属于灰釉中的钙碱釉。但是不同时期也存在一定的差异。

三、黄釉瓷

景德镇的黄釉瓷创烧于明代洪武年间,以后各朝多有烧造。它是一种以 Fe$_2$O$_3$ 为着色剂、以 PbO 作主要助熔剂的低温釉,用氧化焰烧成。其特点是釉面光亮,釉层晶莹、透澈。因为它是以浇釉的方法施于素胎或白釉上,所以又被称为"浇黄";又因颜色恬淡、娇嫩而得名"娇黄"。清代娇黄釉瓷器作为宫廷的主要用品,历朝都有生产。

图 7 – 21 　清雍正款黄釉盅

黄釉盅,清雍正瓷器,口径 6.7 cm,足径 2.9 cm,高 5.0 cm。盅敞口,直斜壁,圈足。盅内施白釉,外施黄釉,釉色纯正,釉面光亮、莹润。足底青花双圈内书"大清雍正年制"双行六字楷书款。(图片源自故宫博物院官网)

清代康、雍、乾时期的娇黄釉瓷器,多在涩胎上施釉,有内外皆黄釉者,也有外黄釉、内白釉者。釉色深浅略有变化,或蜜蜡色,或鸡油色,或姜黄色。除光素器外,尚有暗刻云龙、云凤等纹饰者,其花纹透过釉层清晰可辨。器物造型丰富,有罐、瓶、壶、尊、簋、豆、盘、碗、杯、碟等。除个别器物外底素胎,无釉,不署款识外,绝大多数器物外底施白釉,并署官窑年款。

表 7 – 9 　明弘治与康熙黄釉釉层的化学组成

样品	Na₂O	MgO	Al₂O₃	SiO₂	PbO	K₂O	CaO	TiO₂	CuO	Fe₂O₃
HZ-1	0.79	0.37	4.79	41.10	49.55	0.65	0.76	0.03	0.03	1.89
HZ-2	0.87	0.24	5.23	41.89	48.04	0.89	0.77	0.03	0.03	1.83
KX-1	0.85	0.24	8.11	42.53	45.76	0.68	0.23	0.03	0.04	1.35
KX-2	1.08	0.59	7.52	41.81	46.15	0.75	0.42	0.03	0.04	1.44
KX-3	0.83	0.30	8.64	40.97	47.09	0.61	0.15	0.03	0.04	1.21

注:HZ 为弘治时期,KX 为康熙时期。

表 7 – 9 为明代弘治和清代康熙时期的黄釉的成分。从表中可以看出,明代弘治和清代康熙时期的黄釉瓷釉层均为高铅、低温颜色釉,釉中 PbO 和 SiO₂

两种成分的总和占釉层的90%以上。其中,釉中的 Fe_2O_3 为呈色氧化物,属于 PbO-SiO_2 体系。即使时代不同、瓷器种类不同,低温黄釉的基础配方也无明显变化: PbO 含量在41%和50%之间, SiO_2 含量在38%和45%之间, Fe_2O_3 含量在1%和2.7%之间。弘治、康熙两代的釉料配方稍有差异,康熙黄釉中的 PbO 和 Fe_2O_3 含量稍低,而 SiO_2 含量稍高。这表明明、清两朝的黄釉瓷釉料配方有所变化。

参 考 文 献

1. 田自秉.中国工艺美术史[M].上海:东方出版中心,1985.

2. 李家治.中国科学技术史:陶瓷卷[M].北京:科学出版社,1998.

3. 吕成龙.中国古代颜色釉瓷器[M].北京:紫禁城出版社,1999.

4. 樊学民.花釉的形成[J].中国陶瓷,1998(4):22-24.

5. 张毅.自然的韵律:茶叶末釉[J].文物世界,2005(4):45-48.

6. 潘文锦,潘兆鸿.景德镇的颜色釉[M].南昌:江西教育出版社,1986.

7. 俞康泰,毛婕.铜红釉[J].佛山陶瓷,2002(12):34-36.

8. 余谱保,余家栋.颜色釉的产生与发展[J].景德镇陶瓷,1984(S1):233-242.

9. 胡海泉,吴大选,鄢春根.铜红釉工艺[M].厦门:厦门大学出版社,1994.

10. 柳青.中国古代铜呈色釉的工艺发展:从钧窑铜红釉谈起[J].许昌学院学报,2010(1):45-48.

11. 刘明亮.陶瓷颜料的颜色测量与评价[J].中国陶瓷,1994(2):36-42,52.

12. 曹春娥,顾幸勇,王艳香,等.无机材料测试技术[M].南昌:江西高校出版社,2011.

13. 黄瑞福,陈显求,陈士萍,等.明清铜红釉的亚显微结构[J].中国陶瓷,1986(3):57-61.

14. 曹春娥,沈华荣,曹建文,等.明代早期祭红釉显微结构与工艺的研究[J].中国陶瓷工业,2002(6):4-8.

15. 徐建华.不同烧成气氛条件下铜釉中铜及锡的化学状态[J].江苏陶瓷,1991(1):45-49.

16. 田士兵,刘渝珍,张茂林,等.钧瓷铜红釉呈色机制的初步研究[J].核技术,2009,32(6):413-418.